DIGITALE
BILDKULTUREN

Daniel Eschkötter

SATELLITEN-BILDER

Forensik und Vorhersage

Verlag Klaus Wagenbach   Berlin

DIGITALE BILDKULTUREN

Durch die Digitalisierung haben Bilder einen enormen Bedeutungszuwachs erfahren. Dass sie sich einfacher und variabler denn je herstellen und so schnell wie nie verbreiten und teilen lassen, führt nicht nur zur vielbeschworenen »Bilderflut«, sondern verleiht Bildern auch zusätzliche Funktionen. Erstmals können sich Menschen mit Bildern genauso selbstverständlich austauschen wie mit gesprochener oder geschriebener Sprache. Der schon vor Jahren proklamierte »Iconic Turn« ist Realität geworden.

Die Reihe DIGITALE BILDKULTUREN widmet sich den wichtigsten neuen Formen und Verwendungsweisen von Bildern und ordnet sie kulturgeschichtlich ein. Selfies, Meme, Fake-Bilder oder Bildproteste haben Vorläufer in der analogen Welt. Doch konnten sie nur aus der Logik und Infrastruktur der digitalen Medien heraus entstehen. Nun geht es darum, Kriterien für den Umgang mit diesen Bildphänomenen zu finden und ästhetische, kulturelle sowie soziopolitische Zusammenhänge herzustellen.

Die Bände der Reihe werden ergänzt durch die Website *www.digitale-bildkulturen.de*. Dort wird weiterführendes und jeweils aktualisiertes Material zu den einzelnen Bildphänomenen gesammelt und ein Glossar zu den Schlüsselbegriffen der DIGITALEN BILDKULTUREN bereitgestellt.

Herausgegeben von
Annekathrin Kohout und Wolfgang Ullrich

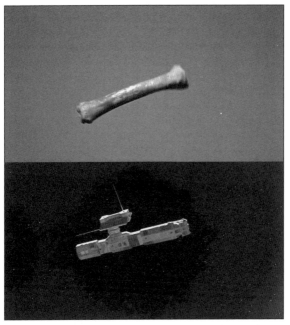

Das Dämmern der Menschheit: der Schnitt von der Steinzeitwaffe zum Satelliten in Stanley Kubricks *2001: A Space Odyssey*

Prolog

> *»Das ist keine Erzählung / das ist nur ein Protokoll«*
> Tocotronic, »Wie wir leben wollen«

1971. Lubang, eine philippinische Insel im Südchinesischen Meer. Der sogenannte Sputnik-Schock liegt schon 14 Jahre zurück. 1957 hatte die Sowjetunion den ersten Satelliten in die Erdumlaufbahn geschossen und damit das »Space Race« mit den USA eröffnet. Aber Leutnant Hirō Onoda, Nachrichtenoffizier der kaiserlichen japanischen Armee, hat das Ereignis, das den Planeten oder vielmehr das Bild von ihm transformiert hatte, genauso wenig registriert wie überhaupt die globale Neuordnung nach dem Zweiten Weltkrieg. Der Soldat hat von 1945 bis 1974, im Unwissen über die Kapitulation Japans, den Krieg als Guerillakämpfer im philippinischen Urwald einfach fortgesetzt. Er ist das Überbleibsel einer anderen Achse, ein letzter Kämpfer eines verlorenen Krieges und gleichzeitig ein entrückter Protokollant, der den Weltenlauf aus dem ableitet, was im Dschungel landet oder über ihm hinwegfliegt. So zumindest imaginiert sich Werner Herzog den Offizier in seinem Buch *Das Dämmern der Welt*. Als Onoda über Wochen ein Himmelsphänomen beobachtet, ein leuchtendes Objekt, das sich auf Nord-Süd-Bahnen in einem »regelmäßigen Umlauf« bewegt, findet er schließlich »eine technische und zugleich strategische Erklärung«: »›Ich bin mir sicher, dass es sich um einen von Menschen hergestellten Gegenstand handelt, der um vieles höher fliegt als ein Flugzeug. […] Dieses Objekt umkreist unseren Planeten.‹ […] ›Und der Zweck der

Übung?‹, fragt [sein letzter Kombattant, Anm. D.E.] Kozuka. ›Krieg, natürlich Krieg‹, ist sich Onoda sicher. […] ›Es könnte eine Plattform für die Beobachtung der gesamten Erde sein, Segment für Segment‹.«[1]

Dass das vor allem auch in der deutschen Medientheorie bestens etablierte Diktum vom kriegerisch-militärischen Ursprung technologischer Innovationen[2] hier die Weltwahrnehmung eines Mannes determiniert, der seit Jahrzehnten kein Außerhalb des Krieges mehr kennt, ist nur konsequent. Und dass in Werner Herzogs Fiktion auf die Satellitenentdeckung oder vielmehr -deduktion durch den Himmelsbeobachter Onoda eine »weitere, um vieles prosaischere Entdeckung« folgt – eine Begegnung mit (Porno-)Heftschnipselchen im Dschungel –, ist sicher die Ironie eines Popkulturskeptikers, der klarstellen muss, dass sich ein echter Pflichterfüllungsenthusiast mit Weit- und Fernblick wie Onoda eben nicht verführen lässt. Aber die im Urwald gefundenen Erotikbildchen verweisen ebenso auf den Lauf der medialen Dinge: Aus Kriegstechnologien werden solche der Unterhaltung, und den Wetter-, Spionage- und Aufklärungssatelliten wird das Satellitenfernsehen folgen, das später erotische und andere Bilder um die Welt schicken sollte.

In der Tat: das Dämmern einer neuen Welt, das diese paradigmatische Werner-Herzog-Figur hier erkennt. Das widerspenstige Individuum Onoda ist eben doch nur ein kleines Licht im Weltlauf, in der Weltgeschichte, die (auch von ihm unbemerkt) an ihm vorübergezogen ist. Wenn der von Onada entdeckte, unwahrscheinlich schnelle Satellit des Jahres 1971 (bei Herzog/Onoda benötigt er 70 Minuten für die Erdumrundung) real gewesen wäre – ob nun ein amerikanischer

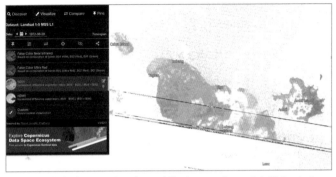

#1 Landschaft ohne Onoda: Lubang, Philippinen, 20.8.1972, Satellit: Landsat-1

Corona oder schon ein KH-9 Hexagon-Satellit oder ein sowjetischer Zenit – und seine Sensoren auf Lubang ausgerichtet gewesen wären, dann wäre auf etwaigen Bildern vor allem Urwald zu sehen gewesen, Siedlungen, Küstenlinien. **(#1)** Spuren von Onodas kleinen Lagern wären mit einer maximalen Bodenauflösung von etwa 70 x 70 cm pro Pixel nicht erkennbar gewesen. Und ohnehin wären alle Satellitenbilder für eine Aufklärungsmission immer viel zu spät gekommen, denn die Sensoren der Aufklärungs- oder Spionagesatelliten in der Onoda-Ära waren zumeist fotochemische, deren Filmmaterial erst per Kapsel zur Erde gelangen musste.[3] Satellitenblicke, so zeigt es schon Herzogs Rückprojektion von unten, sind eben unerwiderbar, außer vielleicht später in Hollywood. Und Satelliten kolonisieren nicht nur den Orbit, sondern auch die Vorstellung: Das Bild der Welt ist ein anderes, seit es über außerweltliche Himmelsobjekte vermittelt wird.

Satelliten und ihre Bilder werden im folgenden Essay auf eine Umlaufbahn mit mehreren Stationen gebracht. Satellitenbilder werden vorgestellt als Bilder, die die Erde neu zu sehen erlauben. Es geht um den Einfluss, den der sowjetische Sputnik-Satellit auf den Wettlauf der Großmächte ins All, aber auch auf die Diskurse über den Planeten Erde und die Entstehung von ökologischem Denken und Bewusstsein hatte; um den Anteil von Satellitenbildern an der Digitalisierung des Planeten bis zum Zoom auf die eigenen Häuser mit Google Earth (Kapitel 1). Satellitenbilder werden diskutiert als Bilder, die es ermöglichen, Menschen zu überwachen und Menschenrechtsverbrechen zu untersuchen – von den Satellitenfantasien im populären Thrillerkino bis zur Nutzung von Satellitendaten in Recherchen von nichtstaatlichen Agenturen und Investigativjournalist:innen (Kapitel 2). Und es wird gezeigt, wie Satelliten helfen sollen, die Zukunft vorherzusagen, und sie zugleich mitprägen, ob über Daten, die in die Modelle der Klimaforschung eingehen, dadurch, dass sie den Analyst:innen der großen Investmentbanken einen Informationsvorsprung verschaffen, oder über die Möglichkeiten und Risiken, die mit der schieren Menge von neuen Satelliten im Orbit wie jenen der Starlink-Flotte von Elon Musks Unternehmen SpaceX verbunden sind (Kapitel 3).

Satelliten sind zentrale multifunktionale Akteure der vernetzten Gegenwart. Als Wetter-, Spionage-, Fernseh- oder überhaupt Telekommunikationssatelliten stiften sie soziale und kommunikative Verbindungen. Als Daten- und Bildmaschinen generieren sie darüber hinaus Diskurse. Sie dienen der Rekonstruktion und Präsentation vergangener (katastrophischer) Ereignisse genauso wie der Vorhersage, der

Berechnung einer Zukunft, die aus dem Bild und den Daten der Gegenwart simuliert und modelliert wird. Das Satellitenbild ist mithin ein paradigmatisches ambivalentes digitales Bildobjekt in den heutigen medialen Ökosystemen: eines, das scheinbar alles zeigt und doch nichts erzählt; das Jetztzeit, Präsenz und Übersicht suggeriert, dabei aber eigentlich intransparent ist, technische Prozesse camoufliert, keinerlei Subjektivität zu besitzen scheint und still Arbeit an der Zukunft verrichtet.

Und so geht es in diesem Text eben nicht um die Renitenz oder den Radikalismus solcher Subjekte wie Hirō Onoda. Und auch nicht um die Position von gegenwärtigen (selbst für Werner Herzog) zentralen Fixsternen eines gründergeniefixierten Technikdiskurses wie Elon Musk. Sondern allenfalls um die Imaginationen, die sie anzapfen und bedienen, wenn sie sich Satelliten und ihrer Bilder bedienen. Und natürlich um die Effekte – technisch, sozial, epistemisch, popkulturell – der fernen künstlichen Himmelskörper; um die Bilder, die sich die Menschen von ihnen machen – und die sie von den Menschen machen, vor allem aber von dem Grund, auf dem sie stehen, von dem Planeten, auf dem sie leben.

1 | Erde sehen

Sputnik 1

Der kleine Erkenntnisschock, den Werner Herzogs Guerillakämpfer beim Anblick des beweglichen Himmelsobjektes erlebt, ist das Echo des großen, der mindestens die westliche

Welt am 4. Oktober 1957 erschüttert haben soll. Ob Schock oder Krise, die elliptischen Erdumkreisungen und die dreiwöchige Piep-Transmission durch den sowjetischen Satelliten Sputnik 1 markierten nicht nur den Auftakt zu einem Wettlauf ins und Wettrüsten ums All, sondern auch eine »Revolution« im Denken – als solche jedenfalls fasste es der kanadische Medientheoretiker Marshall McLuhan 17 Jahre später zusammen:

»Die vielleicht größte denkbare Informationsrevolution fand am 17. [sic!] Oktober 1957 statt, als Sputnik eine neue Umgebung [Original: *environment*] für den Planeten schuf. Zum ersten Mal wurde die natürliche Welt vollständig von einem vom Menschen geschaffenen Container umschlossen. In dem Moment, als die Erde in dieses neue Artefakt eintrat, fand die Natur ein Ende, und die Ökologie war geboren. ›Ökologisches‹ Denken wurde unvermeidlich, als der Planet den Status eines Kunstwerks erlangte.«[4]

Im beweglichen Mediendenken McLuhans wird der Gemeinplatz vom Sputnik-Schock zu einer Informations-, einer Medienrevolution, die mit einer komplexen Dynamik von Außen und Innen, Container und Inhalt, Natur und Ökologie, Planet und Kunst einhergeht. Die Geburt der Ökologie aus dem Geist des Satelliten, die Möglichkeit eines Umweltdenkens über den Umweg des Alls, das ist ein zentraler Topos der Siebzigerjahre. In der Erzählung eines die Welt synchronisierenden Signals, das die Erde als Ganzes überhaupt erst vorstellbar und aus dem Planeten ein »global theater« und später ›globales Dorf‹ machte, hatte Sputnik 1 den Charakter eines Gründungsereignisses. Durch den Sputnikflug kommt die Erde zu sich als Planet, wird sich selbst äußerlich, wird zum Bild, wenngleich noch nicht durch ein Bild *von* ihr. (Das

Theatrale und auch Filmische werden später im Fernerkundungsvokabular noch im Begriff der »Szene« präsent sein, die einen »definierte[n] Ausschnitt aus dem kontinuierlichen Aufnahmestreifen eines Satellitenbildscanners«[5] bezeichnet.)

Dass McLuhan dies schon auf Sputnik zurückführte, einen Satelliten, der keine Sensordaten oder Bilder zur Erde schickte, sondern lediglich ein akustisches Signal sendete, mag erst einmal überraschen. Denn wenn wir heute an die Transformation der Erde zum ›blauen Planeten‹ und von der Natur zur Ökologie denken, dann ist der Umweg über das All oft kein akustischer, sondern ein visueller, keiner über Radiowellen, sondern eben einer über Wellen aus dem sichtbaren und unsichtbaren Spektrum. Ein Umweg, der seit 1968 beziehungsweise 1972 zunächst vor allem mit fotografischen Ikonen verbunden ist, bei denen Astronauten die Auslöser betätigten, Fotografien aus dem All, die als *Earthrise* und *Blue Marble* bekannt geworden sind. Die Ikonizität und auch der Symbolcharakter dieser Bilder artikulierte sich oft als Eindruck von einer überwältigenden Nah-Ferne, einer neuen Erhabenheit, die die Welt als ganzen Planeten ins Bewusstsein rückte und im selben Moment entrückte, »gleichzeitig das Aufkommen der Umweltbewegung ankündigend wie auch die Distanzierung des Planeten durch einen körperlosen Blick aus dem Weltraum«.[6]

Schon seit 1959 sendeten Satelliten Signale, die zu Bildern verarbeitet werden konnten. Der frühe NASA-Satellit Explorer 6, eigentlich primär ein Strahlungsmessgerät, machte am 14. August 1959 aus knapp 27.000 Kilometern Höhe mithilfe eines Fernsehscanners das erste Satellitenbild der Erde – beziehungsweise das einer Wolkenformation über dem Pazifik

#2 Erde (noch nicht) sehen: Wolkenformation, 14.8.1959, Satellit: Explorer VI

vor Mexiko. (#2) Zur Ikone taugte dieses Bild kaum, ebenso wenig wie die in den Sechzigerjahren folgenden, von Wetter- und Geodäsiesatelliten stammenden schlecht aufgelösten Bilder. Ohnehin war das Explorerbild kein Schnappschuss, sondern eine Syntheseoperation, in der Pixel für Pixel, Rotation um Rotation ein Scan generiert wurde. Damit war es eher Vorbote eines Paradigmas »postikonische[r] Bildwelten«,[7] in denen heute ikonische Erdabbildungen wie die *Blue Marble* längst durch »multiperspektivische, prozessorientierte Erdbilder«[8] ersetzt wurden, die keinen nah-fernen Blick auch nur emulieren, nicht einfach die Erde als Planeten repräsentieren, sondern seine Computerisierung performativ ausstellen. (#3) Denn die Erde ist heute nicht einfach ein

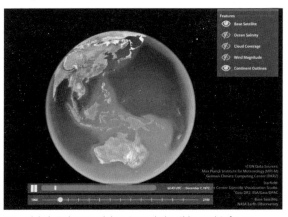

#3 Digitale Erde: Interaktives Demo beim Chip- und Softwarehersteller Nvidia

spezifischer Himmelskörper in einem spezifischen Sonnensystem und ebenso wenig schlicht nur ›unser blauer Planet‹, sondern das Objekt und Ergebnis von Akquisitionen riesiger Datenmengen und von Rechenoperationen, *big (earth) data*. Oder mit einer Bezeichnung, die Karriere gemacht hat: eine beziehungsweise viele ›digital earth(s)‹. Al Gore hatte die ›digitale Erde‹ schon 1992 beschrieben und 1998 prominent auf seine Agenda als Vizepräsident der USA gesetzt: als Zukunftsentwurf eines virtuellen Globus, skalier- und überall verfügbar zum Zoomen in die Orte der Welt und ihre Informationen und Geodaten. *Digital earth* beziehungsweise viele digitale Erden traten und treten seitdem in unzähligen Variationen auf: als Projekte mit amerikanischer Regierungsförderung bei der NASA; als wissenschaftliche Gesellschaft und Erklärung, wie sie etwa in einer Pekinger »Declaration on Digital Earth« im September 2009 von der neu gegründeten International Society for Digital Earth ratifiziert wurde; bis hin zu Forschungsprogrammen in der Geoinformatik und einem Förderprogramm für künstlerisch-wissenschaftliche Projekte wie etwa denen der Plattform *Vertical Atlas*[9] oder der Arbeiten der Gruppe Geocinema, die unsichtbare, oft auch gar nicht in Bilder überführte Erdbeobachtung durch Geheimdienste, andere staatliche Akteure, Plattformen und Unternehmen selbst beobachten, auswerten, zu Bildern und Daten verarbeiten und zuletzt eigene künstlerische Praktiken und Theorien der Umwelt- und Fernerkundung entwickeln. (#4) In ihnen bekommt die Vision oder Fiktion eines störungsfrei skalierbaren, vollumfänglich vernetzten Globus, der im virtuellen Weltraum schwebt, gleichsam filmische und künstlerisch forschende ›Gegenschüsse‹ vom Boden. Sie

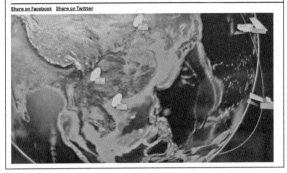

#4 Digitale Erd-Verfolgung: Geocinema *Making of Earths* (2021)

lösen ein, was McLuhan noch raunend formuliert hatte: Der Planet wird zum Kunstwerk, in dem sich medienökologisches Denken heute besonders produktiv zeigt.

Globus und Planet

Wenn Sputnik die Erde programmierbar gemacht hat, wie Jennifer Gabrys als Echo von McLuhan schreibt, dann (noch) nicht als Bild-, sondern als Raummaschine.[10] Die Sputnik-Erfahrung war die eines anderen Raums, einer Heterotopie, die zugleich u- und dystopisch sein konnte. Was Sputnik und McLuhan mit seinem Text angestoßen haben, ist ein Satellitendenken, das weniger mit Foto-Ikonen, Symbolwirkungen oder auch nur konkreten Inhalten des »Containers« Sputnik befasst ist als damit, nachzuzeichnen, mithilfe welcher Medien und Infrastrukturen Umwelten beziehungsweise Environments oder ›das Planetarische‹ produziert werden. Satelliten, so wurde im Anschluss an McLuhan oft betont, sind zentrale *environing technologies*, Technologien der Erzeugung und Verschaltung von Umwelten mit menschlichen und nichtmenschlichen Akteuren.[11]

Die komplexen Zusammenhänge von Signalen, Daten, Wellen und Bildern stehen heute weiterhin im Zentrum des Nachdenkens über die Erde als Planet, über Satelliten als Medientechnologien des Planetarisch-Werdens und über *remote sensing*, also Fernerkundung, als das von ihnen vollzogene oder ermöglichte Ensemble an Kulturtechniken. *Remote sensing* bezeichnet jede Art von »Erfassung von Informationen über ein Objekt, einen Ort oder ein Phänomen auf der Erdoberfläche durch Fernerkundung«[12] und durch den Einsatz verschiedener Medien und Methoden der Datenerfassung über Sensoren.

»Der Satellit sammelt Daten – wir sehen ein Bild.«[13] Das ist eigentlich ein gängiges und gültiges Diktum für jede Art von digitaler Fotografie,[14] im Kontext von Sensorbildern und Satellitendatenvisualisierung ist es jedoch schon deshalb bemerkenswert, weil das Bild der Erdoberfläche aus dem Orbit im für menschliche Augen natürlichen Farbspektrum nur einer (wenngleich ein privilegierter) unter vielen anderen ›Bild‹typen ist, die aus Daten generiert werden. Ein digitales Kamerasystem ist lediglich eine von vielen verschiedenen Arten von Sensor-Ensembles; die erfassten Signale können ebenso gut akustisch sein oder in vielen Bereichen des elektromagnetischen Spektrums liegen, auch jenseits des optischen (etwa Mikrowellen, die per Radar erfasst werden). Und die Informationen, die emittierte oder reflektierte Strahlung, die erfassten Daten beziehungsweise spektrale Signatur müssen dann verarbeitet werden – noch bevor Fragen der Lesbarkeit, der Vergleichbarkeit, der fachlichen Kommentierung und der Analyse überhaupt aufkommen können und die menschliche Perspektive wieder hinzutreten kann. Die Verarbeitung dieser Daten umfasst beispielsweise die Darstellung in sogenannten Falschfarben, die etwa Vegetation mit für menschliche Augen ungewohnten Farben versieht, aber auch Kontrastverstärkung, Orthorektifikation und Georeferenzierung (also die Eliminierung der Verzerrungen, die durch Höhenunterschiede des Geländes und die Erdkrümmung entstehen). Und sie beinhaltet eine Vielzahl an Stationen in der sogenannten *imaging pipeline*, dem Prozess der Bildwerdung, der wiederum sehr ressourcenintensiv ist, weil Arbeitsspeicher, Festplatten- und Cloudkapazitäten, Bandbreite, Grafikkarte und Prozessor immens beansprucht werden.[15]

Welche Fachrichtung jeweils für Satellitenbilder zuständig ist, lässt sich oft anhand des Strahlungsspektrums ablesen. Oder, sehr zugespitzt formuliert: »Sag mir, auf welches Spektrum elektromagnetischer Strahlung du dich konzentrierst, und ich sage dir, was deine Disziplin ist.«[16] So arbeiten etwa Geologie, Meteorologie, Hydrologie oder Ozeanografie mit unterschiedlichen Sensoren und Wellenlängenbereichen, um zum Beispiel Algenwachstum, Bodenbeschaffenheit, Mineralienbestände oder Vegetation zu beobachten und zu untersuchen. Und auch die Erddistanz ist ein Indikator dafür, was auf der Erde von wem mit den

Signalen gemacht wird und welche Disziplin sich mit den Signalen befasst. Fernsehsatelliten kreisen beziehungsweise stehen in etwa 36.000 Kilometern Höhe im geostationären Erdorbit (GEO), also immer in stabiler Position zu den empfangenden Satellitenschüsseln. Im mittleren Erdorbit (MEO) bei knapp 20.000 Kilometern sind beispielsweise Navigations- und Zeitgebungssatelliten wie jene des Globalen Positionsbestimmungssystems (GPS) lokalisiert. Die meisten Erdbeobachtungssatelliten befinden sich, genauso wie die Starlink-Kommunikationssatelliten von Elon Musks Unternehmen SpaceX, die Internationale Raumstation (ISS) oder das Hubble-Weltraumteleskop, im Lower Earth Orbit (LEO) zumeist weit unter 2.000 Kilometern, genauer bei 600 bis 800 Kilometern über dem Meeresspiegel. Erdbeobachtungssatelliten bewegen sich dabei idealerweise in einer sonnensynchronen Umlaufbahn, um einen konstanten Sonneneinfallswinkel und gleiche Lichtgebung zu gewährleisten.

Satellitenbilder werfen nicht nur logistische, sondern auch wahrnehmungstheoretische, ästhetische und zudem politische Fragen auf, da Veränderungen der Erde auf der Grundlage von Erfassungsoperationen visualisiert werden, die über die menschliche Wahrnehmung hinausgehen und von Algorithmen und Menschen nachgebessert, neu ausgerichtet und kalibriert werden müssen. Satelliten›bilder‹ sind deshalb oft Gegenstand in einem Diskurs über das maschinell oder algorithmisch gestützte Erfassen, Verteilen und Präsentieren von Bildern und Bilddaten, »operierend in einem Feld verteilter *Invisualität*, in dem die Relationen zwischen den Bildern mehr zählen als jede Indexikalität oder Ikonizität eines Bildes«.[17]

Die Begriffe für die Bilddatentypen in diesem Feld sind zahlreich und akzentuieren im Detail unterschiedliche Aspekte – als instrumentelle Bilder,[18] operative Bilder,[19] navigationale,[20] logistische[21] und Sensorbilder eint all diese Begriffe für Bilder/Daten, dass sie widersprüchlich, als Oxymora gemeint sind: In diesen Termini wird ein aus der Ästhetik kommender Bildbegriff durchgestrichen, indem Bilder als Datenpakete begriffen, die ihnen zugrunde liegenden Infrastrukturen in den Blick genommen werden und untersucht wird, was diese ›Bilder‹ in Assemblagen und Akteur-Netzwerken tun – und nicht, was sie womöglich noch repräsentieren.

Gegenwärtige Forschung in den Sozial-, Medien- und Kulturwissenschaften und ebenso in der Kritischen Geografie arbeitet sich vor allem an den Implikationen dieser Transformation von Bildern/Daten und ihrer Funktion auf den Plattformen der großen Technologiekonzerne ab. Demgegenüber haben epistemologische, insbesondere auch feministische und postkoloniale Kritiken an der Satellitenperspektive schon früh McLuhans Idee einer Ökologisierung des Denkens weitergedacht und bei der gleichzeitigen De- oder Rezentrierung des Menschen im Universum angesetzt. Donna Haraway erkannte den entkörperten ›Gottes-Blick‹ aus dem Orbit und seine Dominanz in den Wissenschaften als Gegenspieler zu ihrem Konzept und Ethos eines »situierten Wissens«;[22] ähnlich wie Bruno Latour, der das Terrestrische und später die »Gaia«-Perspektive gegen ein westliches Wissenschaftsverständnis profilierte, bei dem die »Sicht vom Universum aus – *the view from nowhere* – zum neuen Common Sense [geworden sei], mit dem Ausdrücke wie ›rational‹ und selbst ›wissenschaftlich‹ dauerhaft verknüpft werden«.[23] Und

Gayatri Spivak schrieb dem Planeten in ihrer theoretischen Profilierung des Planetarischen als Gegenbegriff und Gegenkonzept zu geopolitisch und ökonomisch, kolonialistisch und extraktivistisch grundierten Globalisierungsvorstellungen eine unhintergehbare, nicht in Rechenoperationen erfassbare Andersheit zu: »Der Globus ist auf unserem Computer. Doch niemand lebt auf ihm, und wir machen uns vor, dass wir diese Form der Globalität beherrschen. Der Planet hingegen besteht im Zeichen der Alterität, er gehört einem anderen System an.«[24]

Spivaks und Haraways Kritiken stammen aus einer Zeit, in der die Satellitenperspektive noch als Gottes-Blick, als *God's View*, begreifbar, aber auch einhegbar schien. Dass sich die Oppositionen von *global* und *planetar* heute aufgelöst haben; dass auch der Planet auf dem Computer ist, ist sicher zu einem großen Teil ein Effekt von *remote sensing* und Plattform-Sehen. Satelliten sind eben nicht nur Medien der Lokalisierung. Sie weisen nicht nur Plätze zu (über GPS, Geodaten, die Organisation der Welt in einem kartografischen Raster wie das von der NASA eingeführte *Worldwide Reference System*). Vor allem füttern sie die großen und kleinen Rechner beständig mit Daten. Die alte Rede von der Inkongruenz von Karte und Gebiet, Modell und Ding erscheint damit überholt: Auf dem neuen Globus bilden sich Karte und Gebiet sozusagen aufeinander ab, gehen ineinander über und auseinander hervor.[25] Der Fluchtpunkt dieser neuen Identität ist ein digitaler Zwilling des Planeten, der kein Außerhalb, mithin auch kein Außerhalb des Satellitenbildbereichs, kein Außerhalb der Plattformlogik mehr kennt: Sie haben Ihr Ziel erreicht.

Google Earth Day

Am 22. April ist wieder Earth Day. Seit seiner Einrichtung 1970 steht dieser Tag im Zeichen des Umweltschutzes, der *environmental awareness* und des Wissens um die Verletzlichkeit der Erde. Google beging den Earth Day 2024 unter anderem mit einem der zu solchen Anlässen häufig genutzten Gimmicks: einer Reihe von Bildern über der Searchbar auf der Suchseite, in diesem Fall sechs Satellitenbildern, die aber nicht im erkennbaren Bezug zum Jahresthema des Tages standen – der Aufklärung über die Gefahren von (Mikro-)Plastik –, sondern eher spektakuläre Ansichten der Erde von oben präsentierten.[26] **(#5)**

Dass der Earth Day für Google (beziehungsweise Alphabet) automatisch ein Google Earth Day war, ist vielleicht mehr als eine vereinnahmende PR-Aktion. Der scheinbar kleine Akt markierte, mit nur ein wenig Hybris, eine große

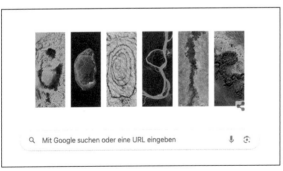

#5 Googles Earth Day, 22.4.2024

Verschiebung im Symbolischen und im Imaginären, also darin, wie die Vorstellung des Planeten und die einer ›ganzen Welt‹ heute entsteht oder konstruiert wird. Denn ›Earth‹, das ist heute nicht ganz unwesentlich immer auch Google Earth – beziehungsweise, etwas großzügig mitgerechnet, das Ergebnis oder Produkt von ähnlichen Geobrowsern, Plattformen und Anbietern, die Welt-Bilder computerisieren und herstellen. Der breite Zugang zur Erdkugel ist vermittelt über das All, wie es schon McLuhan antizipiert hatte. Und er ist vermittelt über das Suchökosystem von Alphabet, das gesuchte Orte multipel ansteuerbar macht, darunter eben auch über Satellitenbilder.

Die Linie, die Google hier zieht, führt in der Verschaltung von Satellitenbildern und Earth Day also doppelt zurück ins sogenannte *Space Age*: Der Earth Day ist selbst Teil und Produkt der ökologischen Wende um 1970, die sich schon damals in Bildern manifestiert hat. Dieser Ursprünge eingedenk stellt die NASA für den Tag nun ein Earth-Day-Toolkit zur Verfügung, mit Postern, Handzettelvorlagen, Angeboten zur Partizipation von Bürger:innen.

Vor der Einrichtung des Earth Day hatte eine hartnäckige Frage gelautet: »Warum haben wir noch keine Fotografie der ganzen Erde gesehen?«. Der NASA gestellt hatte sie der kalifornische Counterculture-Projektemacher Stewart Brand – in Form einer 1966 lancierten Buttonkampagne, denn Brand schien davon auszugehen, dass ein solches Bild des Planeten aus dem Weltall bereits existieren müsse. Brands von 1968 an zunächst vier-, fünfmal im Jahr, dann von 1971 bis 1998 unregelmäßig publizierter *Whole Earth Catalog* hatte dann eben ein solches Bild auf dem ersten Cover, ein Bild, das von einem NASA-ATS-3-Satelliten stammte und im November 1967 gemacht worden war: das erste farbige Satellitenbild der Erde. (#6) Brands *Whole Earth Catalog* gehört inzwischen zum Grundrepertoire jeder Geschichte über Planetenbilder (genauso wie Steve Jobs' Würdigung des *Catalog*, er sei »Google als Taschenbuch« gewesen). Und er steht oft als pars pro toto für die Entstehung des Silicon Valley aus dem Geist der »Whole Earth«-Gegenkultur im Kalifornien der Siebziger, für deren Zusammenschlüsse mit der oder ihre (feindliche) Übernahme durch die Tech-Industrie.[27] Der *Whole Earth Catalog* wurde zum Inventar und zur Plattform nicht nur für eine

#6 Die ganze Erde: Kompositsatellitenbild, November 1967, Satellit: ATS-3

kaum zu überblickende Menge an Empfehlungen und Rezensionen von Selbsthilfe-Tools und Tutorialtexten, sondern auch für Bücher, Poster, Postkarten und sogar Filmkopien mit Bildern der Erde.[28]

Google(s) Earth Day spielt vielleicht auf diese bildaktivistische Herkunft des Erdtages an, führt mit den Suchleisten-Icons aber vor allem vor, dass Bilder der Umwelt, ihrer Veränderung und Zerstörung heute selbstverständlich als Satellitenbilder erscheinen. Google Earth ist allerdings weniger Umweltbeobachtungsmedium als selbst eine Medienumwelt, die »Vereinigung von Kartographie-, Computer-, Kommunikations- und Medientechnologien«.[29] Googles Erde wird durch eine virtuelle Kamera navigierbar und individuell durchquerbar.[30] Dabei bietet der scheinbar so gleitende, in Details aber häufig stockende und verzerrte Zoom in, mit und durch Google Earth in die horizontale Streetviewperspektive nur die Illusion einer kontinuierlichen Bewegung; eigentlich ist er zusammengesetzt aus unterschiedlichen Schichten, Bildtypen (Satellitenbilder, Luftaufnahmen), gespeist aus unterschiedlichen Quellen mit unterschiedlichen Formaten und Auflösungen, aufgenommen zu unterschiedlichen Zeiten, mit sichtbaren Nähten und Glitches – digitalen Störungen, die das Raster mitunter zu erkennen geben.[31] Repräsentation, Interaktion, Lokalisierung: Google Earth überführt all diese Funktionen und Gebrauchsweisen von (Satelliten-)Bildern in eine dynamische Struktur, die reisende, forschende, konsumierende und lokalisierte Subjektivität in eins setzt.

Wilderness Downtown

Noch vor nicht allzu langer Zeit war es unmöglich, aus dem All in den eigenen Hinterhof zu zoomen.[32] Gerade auch diese neuen Möglichkeiten führten wohl dazu, dass Google Earth und Maps trotz der Satellitenansicht im täglichen Gebrauch weniger abstrakt wirkten, sondern mit Emotionen und Bedeutungen aufgeladen wurden – teils ganz konkret, etwa indem Alltagsnutzer:innen Orte bewerten, rezensieren und Ansichten mit eigenem Bildmaterial ergänzen konnten. Und nicht nur der kommerzielle Reiz wurde schnell erkannt, der künstlerische ebenfalls.

Wo sind wir jetzt? Die kanadische Indie-Rock-Band Arcade Fire fand auf diese Frage, zusammen mit dem Videoregisseur Chris Milk und »einigen Freunden von Google«, 2010 eine für eine weiße Mittelschicht typische Antwort: *The Suburbs*, die Vororte (so der Name des dritten Studioalbums der Band). Im Web-Video beziehungsweise »interaktiven Film« *The Wilderness Downtown* zum Song »We Used to Wait«, programmiert mit HTML5 als den Google-Browser bewerbendes und vorführendes »Chrome Experiment«,[33] wurden die Hörer-Nutzer:innen dazu aufgefordert, eine Postkarte an ihr früheres Selbst zu schreiben, als umgekehrte Zeitkapsel oder Zeitmaschine. Und die Adresse aus der Kindheit einzugeben. Was dann begann, war die Probe darauf, ob *remote sensing* sinnlich sein oder sentimental werden kann, eine Reise im Pop-up-Fenster-Modus, bei der eine Figur im Kapuzenpulli erst durch unspezifische Vorortstraßen läuft, um dann in immer neuen sich überlappenden Bildschirmfenstern erst im Satelliten-Zoom-Flug und schließlich über Streetview die anfangs eingegebene

Adresse anzulaufen. (**#7a–c**) Die am Ende des Films wuchernde »wilderness downtown« sollte mit den Satelliten- und Streetviewaufnahmen der jüngeren Vergangenheit in eine unwiederbringliche Kindheit, in ungelebte Leben und zu ungeschriebenen Briefen führen. Heute wäre das mit Bildern aus den Archiven von Landsat und der Timelapse-Funktion in Google Earth in Teilen wohl schon als Zeitreise programmierbar, aber bei Arcade Fire ging es nicht um einen historio- oder geografischen Zugang zu den Transformationen des Suburbanen, sondern um eine Individualisierung des scheinbar universell angelegten Weltzugangs von Google Earth: »We used to wait for it. (Sometimes it never came.)«

Die Wildnis der Kindheit als eine Reise ins Vertraute mit Bildern aus den Archiven der Satelliten- und Plattformbibliotheken war zudem eine Variante der Gamifizierung des Satellitenblicks auf Erde und Existenz. Die hatte schon ein edukatives Detektivspiel vorbereitet, das sich auf der Website der NASA seit Anfang der 2000er Jahre (und aktualisiert bis 2012) spielen ließ[34] und das inzwischen vom »Bild des Tages« und zahlreichen anderen Spielen und Tools außerhalb des NASA-verse abgelöst wurde: »Where on Earth …?« lud ›Geografiedetektive‹ dazu ein, Orte anhand von landschaftlichen oder geografischen Signaturen zu erraten. Gegenwärtige Modifikationen des populären Browserspiels GeoGuessr nehmen die NASA-Urform wieder auf. Anders als in der GeoGuessr-Standardversion wird man nicht virtuell in Streetview irgendwo ausgesetzt und muss über Hinweise wie Schilder, Schriftzüge, Fahrzeuge, Häuserfassaden versuchen, Aufschluss über den zu erratenden Ort zu erlangen. Vielmehr werden die Ratenden mit einem Satellitenbild konfrontiert,

#7a–c Nach Hause rennen mit Arcade Fire und Google Earth: *The Wilderness Downtown*

#8 Städteraten mit Satellitenbildern: SATLE

das eine andere Lektürekompetenz erfordert, um sich auf Karte, Bild und Globus zu orientieren. (#8)

In der gegenwärtigen Digitalkultur haben Bilderratespiele zumeist eine utilitaristische Komponente, werden sie doch von Techkonzernen dafür genutzt, ihre maschinellen Bilderkennungsalgorithmen lernen zu lassen. Dass auch mit jedem Streetview- und Satellitenbilderquiz neuronale Netzwerke wie mit Captchas durch die User:innen trainiert werden könnten, liegt nahe. Anders als die virtuellen Aussetzungen in Street- oder Landschaftsviews haben die Satellitenbildratespiele eher keinen (wie auch immer phantasmatischen) Reiz eines virtuellen Überlebens- und Orientierungstrainings. Sie üben vielmehr selbst bereits einen nichtmenschlichen Blick ein, der aus Pixeln Muster liest und künstlicher Intelligenz wenn nicht zu-, so doch vorausarbeitet.[35]

2 | Taten sehen

Satellite Uplinks

Die sentimentale und zugleich unmögliche Rückkehr zu den Orten der Kindheit bei Arcade Fire hatte eine unheimliche Unterströmung, die Charakteristik eines Überwachungsblicks, eines Eindringens in Heim und Privatheit mithilfe von Suchmaschinen, Streetview- und Satellitenbildern. In der populären Kultur war dieser Aspekt von Satellitenbildern lange dominant, und sie erschienen oft vor allem als ein besonders avancierter und abstrakter Bestandteil einer visuellen ›Rhetorik der Überwachung‹.[36] Dass Satelliten in ihrer Entwicklung häufig einer geheimdienstlichen Fernerkundung zugearbeitet und es so insbesondere im Spionagethriller zu Prominenz gebracht haben, wird im siebten Teil der *Mission Impossible*-Reihe in eine Art selbstreflexiven Witz überführt: Nachdem in *Mission: Impossible – Dead Reckoning Part One* (2023) eine KI namens ›The Entity‹ die Kontrolle über die gesamte digitale Kommunikations- und Informationsinfrastruktur nicht nur der Geheimdienste übernommen hat, wird dem Director of National Intelligence der USA ein »analoger Offline-Safe-Room« präsentiert, mit Überwachungssatellitenfeeds, die von einem »Corona-Spionage-Satelliten aus dem Kalten Krieg« stammen sollen. Wie das genau gehen könnte, spielt allenfalls eine Rolle in YouTube-Videos, die das Funktionieren von Film-Gadgets und -Klischees auf ihre Plausibilität hin prüfen (ein Genre, das, natürlich, nebenbei die Fantasien über Satellitennutzung etwa in Spionagethrillern entlarvt).[37] Im Film dauert die Szene nur wenige Sekunden, eine kleine ironische Geste, die besagt: »Keine Einsen und Nullen mehr«, also keine digitalen Gimmicks, dafür die analogen Stunts des Tom Cruise. Und die dennoch eine nun lange Genretradition und -trope aufruft, in der Satelliten Krücken- und Scharnierfunktionen haben, um überwachte Subjekte, staatliche Akteure und globale Verflechtungen erzählerisch miteinander zu vernetzen und visuell zu vernähen.

Seit den Neunzigerjahren wurden Satelliten zu zentralen Geräten in filmischen Erzählungen, die von Verschwörungen handelten, technisch avancierte »Überwachung als Konnektivitätsprinzip«[38] verwendeten – und die in der Gegenwart manchmal »Dadthriller« genannt werden (weil ihr Kernpublikum aus Angehörigen der Generation X bestehen soll, die heute Väter sind). Ob wir es bei einem Neunzigerjahre-Film mit einem solchen Dadthriller zu tun haben, lässt sich nach Max Read, dem Theoretiker der nicht ganz ernst gemeinten Genrebezeichnung, mit dem Abarbeiten eines Fragenkatalogs beantworten: Spielt Harrison Ford mit? Beruht der Film auf einem Tom-Clancy-Roman? Oder ruft in dem Film eine (militärisch oder geheimdienstlich tätige) Person nach einem »Satellite Uplink«, nach der Verbindung mit einem Satelliten von einer Bodenstation?[39] Der Satellit, das ist in Hollywood der Link zwischen globalen politischen Zusammenhängen und den heroischen Einzelnen, die sich ihnen entgegenstellen. Und er ist die Bildmaschine, die angesichts komplexer, sich der Darstellung entziehender globaler Verflechtungen wirtschaftlicher, staatlicher, militärischer geopolitischer Agenturen und Interessen eine visuelle Metonymie bietet: nicht der Blick von Nirgendwo, sondern das allsehende Auge der ›militärisch-industriellen-Unterhaltungs-Medien-Netzwerke‹.⁴⁰

Wenn ein Hollywoodthriller der Neunziger und der Nullerjahre einen Ort wirkungsvoll und effizient einführen wollte, dann stand ihm dafür eine Perspektive zur Verfügung, die schon seit Nadars frühen Heißluftballonaufnahmen um 1860⁴¹ mit einem (luft)aufklärerischen oder auch mit einem wissenschaftlich ausgerichteten Blick von oben verbunden ist: der ›God's-Eye‹-Shot, die Aufnahmeposition aus dem All beziehungsweise der Gottesperspektive direkt nach unten. **(#9)** Und wenn es eine große Verschwörung darzustellen und zu bekämpfen, eine ambivalente Allegorie auf die eigentlich unrepräsentierbaren Weltsysteme zu finden galt, stand ebenfalls das Satellitenüberwachungsbild zur Verfügung – von den Bond-Bösewichten und Behördenschurken in jeder Sekunde einzufordern und sofort umsetzbar von den untergebenen Tastaturvirtuosen, stets servil wie die ihren Befehlen und den Gesetzen der narrativen Kontinuität

#9   Filmeröffnung aus dem Orbit: *Syriana* (2005)

folgenden Satelliten selbst. (#10a–b) Satelliten sind in diesen Filmen der Große Andere, der der persönlichen Handlungsmacht der Überwachten auf der Erde antagonistisch gegenübersteht, die Manifestation einer absolut scheinenden Asymmetrie zwischen Staatsmacht und Individuum. Wie sie mit den Bildern der Erde ein anderes Bild *von* der Erde produziert haben, produzieren sie hier ein vernetztes Globales, ein Koordinatensystem der totalen Überwachung.

#10a–b   Servile Satellitenüberwachung: *Enemy of the State* (1998)

Die Projektionen auf den sogenannten *Deep State* und seine Satellitenblicke, denen die Überwachungs- und Dadthriller der Neunziger und der Nullerjahre nachhingen, sind in den folgenden Jahren nicht weniger oder auch nicht weniger begründet geworden. Nach 9/11, dem Irakkrieg 2003 und vor allem der Aufrüstung nicht nur der US-amerikanischen geheimdienstlichen und militärischen Überwachungskapazitäten im Dienst des »Kriegs gegen den Terror« lagen die gleichzeitige Im- und Omnipotenz von Satellitenüberwachung mindestens in den filmischen Fantasien dicht beieinander oder waren mitunter ununterscheidbar, so etwa in *Syriana* (2005, Regie: Stephen Gaghan) und *Body of Lies* (2008, Regie: Ridley Scott). Oder sie wurden als Farce inszeniert wie in der Familienregresskomödienserie *Arrested Development* (2003–2006, Creator: Mitchell Hurwitz). Dort werden die in Colin Powells berüchtigter Präsentation vor dem Sicherheitsrat der Vereinten Nationen am 5. Februar 2003 vorgetragenen konstruierten Gründe für die Invasion im Irak als Verwechslung des Satellitenbilds einer Wüstenlandschaft (inklusive Spuren vermeintlicher Massenvernichtungswaffen) mit dem Selfie einer Hodenregion parodiert: »Aus der Nähe sehen sie immer wie Landschaften aus.«

»Satellitenbilder zeigen ...«

Die visuelle Seite von satellitengestützter Überwachung, auf die sich die Hollywoodthriller der Nullerjahre noch konzentrierten, mutet heute an wie ein Detail im Meer der Möglichkeiten des *mining* von Daten, der datenbasierten Surveillance und Intervention. Darüber hinaus sind Satellitenbilder auch in der populären Kultur längst nicht mehr nur Mittel und

Medien des Staats oder Signaturen einer filmischen Rhetorik der Überwachung, sie sind heute in unserer Bildkultur weniger über Thrillerfantasien präsent als in der täglichen Berichterstattung von den Krisenschauplätzen der Welt. Und sie werden nicht mehr nur mit Geheimdienstakteuren assoziiert, sondern sind ein bedeutsamer Teil und Werkzeug von Ermittlungs- und Recherchearbeit, die gerade staatlich sanktionierte Gewalt an Menschen und Umwelt in den Blick nimmt und der staatlichen Perspektive etwas an die Seite oder entgegenstellen soll. Solche *counter-forensics*, gegenforensische Ermittlungen, befragen, überprüfen, überwachen die Narrative und Praktiken staatlicher Akteur:innen oder konterkarieren sie investigativ und mitunter auch künstlerisch.[42]

Dass Satellitenbilder insgesamt sichtbarer und dass solche Arbeiten und Praktiken mit Satellitenbildern zahlreicher oder teils überhaupt erst möglich wurden, ist Teil einer ambivalenten Geschichte der Deregulierung und Privatisierung. Mit der Verabschiedung des *Land Remote Sensing Policy Act* von 1992 durch den US-Kongress, der nicht nur die Fortführung und Finanzierung des staatlichen Landsat-Satelliten-Programms sicherte, sondern gleichzeitig die Lizenzvergabe für private Remote-Sensing-Systeme erlaubte, leiteten die USA eine Neuausrichtung der Politik und Praxis des Umgangs mit Satellitenbildern ein, die in anderen Teilen der Welt bereits nach dem Ende des Kalten Krieges (oder noch früher, zum Beispiel in Frankreich mit dem 1986 gestarteten SPOT, dem *Satellite pour l'Observation de la Terre*) in Kraft war: die Öffnung des Marktes für kommerzielle Satellitenunternehmen sowie die Aufhebung der Geheimhaltung und Veröffentlichung von Satellitenbildern.

Die damit einhergehende zunehmende Verfügbarkeit, Recherchierbarkeit und die in der Folge verbesserte Auflösung von Satellitenbildern standen am Anfang einer neuen Ära des visuellen Aktivismus, eine Ära der *remote (sensing) witnesses*: Der »ganze[ ] Planet[ ]« wurde, wie Architekt und Forensic-Architecture-Gründer Eyal Weizman und die Architekturhistorikerin Ines Weizman es etwas hyperbolisch formulieren, »in eine Stätte forensischer Untersuchungen verwandelt«;[43] eben »weltumfassende Forensik«, wie der Gründer und CEO von Planet Labs, William Marshall, die Möglichkeiten umreißt, die seine Plattform und seine knapp 200 schuhkartongroßen Dove-Satelliten bieten sollen. Diese generieren bis zu vier Millionen Bilder am Tag mit einer maximalen Bodenauflösung von bis zu 30 cm x 30 cm, können also Details bis zu 0,09 Quadratmetern Größe in Bildern erfassen.[44]

Frühe Fälle, in denen Satellitenbilder als zentrale Beweise für die Herstellung von Massenvernichtungswaffen (Irak 2003), Menschenrechtsverletzungen, Kriegsverbrechen und Völkermord (Bosnien-Herzegowina 1995, Kosovo 1999)[45] angeführt wurden, wiesen immer noch auf eine große Diskrepanz oder Asymmetrien in Bezug auf die Auffindung und Lesbarkeit solcher Bilder hin, waren sie doch vor allem Teil eines Diskurses über die Rechtfertigung beziehungsweise die Rechtmäßigkeit militärischer Einsätze. Insbesondere Colin Powells schon erwähnte PowerPoint-Präsentation vor dem Sicherheitsrat der Vereinten Nationen im Februar 2003 war paradigmatisch für einen Umgang mit Satellitenbildern, in dem diese hegemonial präsentiert wurden und die Deutungshoheit über sie dem Militär und Geheimdienstpersonal zugesprochen wurde. In Powells Rede, die den Sicherheitsrat über angebliche Resolutions-Verletzungen durch den Irak, dessen (nicht existente) Produktion von Massenvernichtungswaffen und Unterstützung des Terrornetzwerks Al-Qaida informieren sollte, hieß es zwar, »die Fakten sprechen für sich«.[46] Zugleich wurden in der Präsentation aber Satellitenbilder nicht nur zu hochgradig erläuterungsbedürftigen, aber eben nur von Geheimdienstspezialist:innen analysierbaren Dokumenten deklariert, sondern über Legenden, Fehl- und Überinterpretationen auch als ganz und gar nicht unschuldige Props missbraucht. (#11) Powells Rede führte damit, zumindest in der Rückschau, plastisch die Notwendigkeit einer Demokratisierung und Entmilitarisierung von Satellitenwissen und -kapazitäten vor. Und machte zudem eine zunehmende »Satellisation«[47] der globalen Sicherheit deutlich: dass die Ordnung der Menschenrechte, wenn nicht gar die politische Weltordnung des 21. Jahrhunderts, mit der Ordnung der Bilder von Erdbeobachtungssatelliten verschränkt ist. Der in den Nullerjahren immer wichtigere und häufigere Rekurs auf Satellitenbilder als Bildzeugen jenseits des Informationsmonopols militärischer und staatlicher Nachrichtendienste führte zu einer neuen Praxis: dem Einsatz von Satellitenbildern als Beweismitteln in Fällen von Menschenrechtsverletzungen und Kriegsverbrechen. Mit dem sich heute immer noch erweiternden Zugang zu Satellitenbildern, die für die breite Öffentlichkeit und für nichtstaatliche Akteure, Ermittler:innen und Forscher:innen generiert werden – indem immer mehr und immer kleinere Satelliten über *remote sensing* gesammelte Daten mit immer höherer Auflösung verarbeiten –, wandelten und wandeln sich Menschenrechtsorganisationen von »Verteidiger[n] partikularer Interessen« zu »investigative[n] Akteuren«.[48]

Die Akteurslandschaft hat sich darüber verändert und ausgedehnt, geblieben ist das, was sich mit einem dem Kunsthistoriker Klaus Krüger entlehnten Begriff als »Evidenzeffekt«[49] beschreiben ließe, als die mediale Ver- und Beweisstruktur, die für Satellitenbilder charakteristisch ist. Denn wie es schon bei Colin Powell eigentlich in aller Ambivalenz zu sehen war: Satellitenbilder haben in gegenwärtigen Untersuchungen ebenso oft einen rhetorischen Status, der sie nicht mehr nur auf etwas verweisen, sondern selbst zu Beweisen werden lässt.

»Satellitenbilder zeigen«: Das ist die griffige und gängige Formel für diesen Status geworden, ein wöchentlich wiederkehrender Refrain der Krisenberichterstattung in Bezug auf

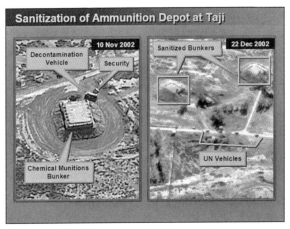

#11 Die Satellitenbilder sprechen nicht für sich selbst:
aus Colin Powells PowerPoint, 5.2.2003

die Ukraine, auf Israel und Gaza, den Iran, die chinesische Provinz Xinjiang, die Grenzregime Europas und die meisten anderen metaphorischen und buchstäblichen Brennpunkte der Welt. Die Phrase »Satellitenbilder zeigen« steht mittlerweile stellvertretend für ein eigenes Genre der Investigation und des daten- und bildgestützten Journalismus. Das Erscheinen von Satellitenbildern als *Bilder*, also der dominierende Modus ihres Auftretens jenseits von Google Earth, findet heute im Plural statt. Zwei oder mehr Bilder, unterschiedliche Daten, derselbe Ort: Wenn Satellitenbilder »zeigen«, dann verweisen sie auf etwas, was erst aus der Distanz, aus dem Orbit evident werden soll, zumeist im Vergleich mit anderen Satellitenbildern und nach Abgleich mit anderen Bildtypen. Und zugleich suggeriert die Phrase, dass das mit ihr verknüpfte Gezeigte schon irgendwie evident ist, von einer scheinbar neutralen Instanz registriert wurde und nur noch präsentiert werden muss.

28. Februar 2022 / 19. März 2022

Am 4. April 2022 veröffentlichte die *New York Times* online einen Bericht über die Tötung von Zivilist:innen in der ukrainischen Stadt Butscha nordwestlich von Kyjiw: »Satellitenbilder zeigen, dass die Leichen in Butscha entgegen russischer Behauptungen seit Wochen [auf der Straße] lagen«.[50] Noch über dem eigentlichen Artikel zeigte die Website ein Satellitenbild mit Kommentaren und Markierungen von Körpern auf einer Straße. Klickt man auf das entsprechende Abspielsymbol, startet ein Video, 1:07 Minuten lang, Splitscreen: links Handyaufnahmen, aus einem Auto heraus gefilmt; rechts

Satellitenbilder. Die beiden Fenster des Splitscreens, in denen die beiden unterschiedlichen Bildtypen zu sehen sind, sind synchronisiert und mit Kommentaren versehen. Immer wenn sich das Auto beziehungsweise die Handykamera auf der linken Seite an einer Leiche auf der Straße vorüberbewegt, wird der Film angehalten, die Leichen werden auf beiden Seiten gleichzeitig mit weißen Quadraten hervorgehoben und die rechte Seite des Bildschirms zoomt in das (ansonsten statische) Satellitenbild. Das Bild wird dabei als Karte verwendet, die zeigt, wo das Auto sowie die im Vorbeifahren aufgenommenen Leichen sich befinden. **(#12)**

Der kurze Artikel, der eher eine erweiterte Kommentierung des Clips und der gezeigten Bilder ist, wurde um weitere Arten von Bildkonstellationen ergänzt; zwei von ihnen enthalten wiederum Satellitenbilder. Erstens eine weitere Splitscreen-Präsentation: Handy-Aufnahmen vom Boden aus (die dem Usernamen »Kievskiy Dvizh via Instagram«

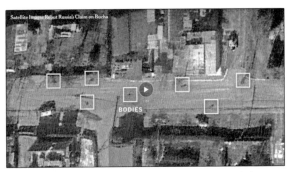

#12 Morde in Butscha: Visuelle Investigation der *New York Times*

zugeschrieben werden und am 1. April aufgenommen wurden) werden einem Satellitenbild (von Maxar Technologies) gegenübergestellt. **(#13a)** Zweitens ein kurzer Clip, der zwei Satellitenbilder desselben Straßenabschnitts aus demselben Winkel in Dauerschleife zeigt, bei der ein auf den 28. Februar 2022 datiertes Bild und eines vom 19. März 2022 mit einer digitalen Überblendung ineinander übergehen. Zunächst, am 28. Februar, ist die Straße leer. Dann, am 19. März, markieren sieben weiße Quadrate Leichen auf der Straße. **(#13b–c)**

Der kurze Clip ist also eine komprimierte Konfrontation zweier Zeit- und Ereignispunkte, die knapp drei Wochen auseinanderliegen. Erst war da nichts – zumindest nichts, was eine Kommentierung, Markierung oder Analyse wert wäre. Dann sind da tote Körper. Dieser einfache Vergleich zweier Bilder derselben Straße hat die Funktion einer Art investigativer Intervention, um die Aussagen aus dem russischen Verteidigungsministerium zu untersuchen und letztlich zu widerlegen, ebenso wie Medienberichte, die die russische Verantwortung für die Tötung von Zivilisten mit der Behauptung leugneten, die Leichen seien erst nach dem Rückzug der russischen Truppen Ende März 2022 auf den Straßen aufgetaucht.[51] Wie aus dem Artikel hervorgeht und wie das zweite der beiden Bilder sowie die Synchronisierung mit den Videoaufnahmen vom 1. April zeigen, sind die Leichen schon auf den Satellitenaufnahmen vom 19. März zu erkennen, als die russischen Truppen die Stadt noch besetzt hielten.

Der Artikel wurde von einem eigenständigen Investigativ-Team der *New York Times (NYT)* veröffentlicht, aktiv seit 2017 unter dem Namen »New York Times Visual Investigations Team«. *Visual Investigations*, das sind Investigativrecherchen

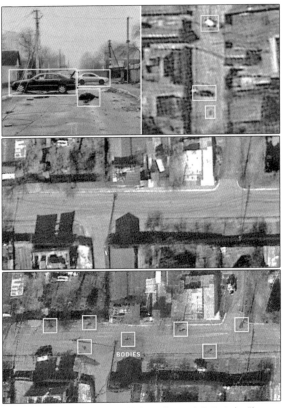

#13a–c Verknüpfen und Vergleichen: die Morde in Butscha über Satellit und Handyvideos

von, in und mit Bildern und Daten – Daten, die zu Grafiken und Bildern werden, Bildern, die als Daten analysiert werden. Das Team führt seine Recherchen hauptsächlich auf der Grundlage von Daten und Medien durch, die aus öffentlich zugänglichen Quellen stammen, *open source* (oder im Fall von Satellitenbildern, die für forensische Untersuchungen brauchbar sind, eigentlich selten wirklich ›offen‹, sondern käuflich zu erwerben), und veröffentlicht die Ergebnisse als Mischformen aus Text, Video, Karten, Grafiken und Bildern. Sowohl dieses Quellenmaterial als auch die *mixed media*-Form der Veröffentlichung machen die Arbeit des »Visual Investigations Team« zu einem paradigmatischen Beispiel für einen Wandel in der Berichterstattung über Menschenrechtsverletzungen und staatlich ausgeübte Gewalt sowie in der Kriegsberichterstattung im Allgemeinen. Die visuellen Untersuchungen der *NYT* haben ihre Vorläufer vielleicht weniger in den Methoden des traditionellen investigativen Journalismus als vielmehr bei den Daten- und Bildforensiker:innen der Geheimdienste und in den Analyseabteilungen oder Krisenbeobachtungseinheiten der Nichtregierungsorganisationen, mit denen sie manchmal zusammenarbeiten – Menschenrechts-NGOs wie Amnesty International oder Human Rights Watch und Recherchenetzwerke wie Bellingcat oder Forensic Architecture.

Satellitendaten und -bildern kommt in diesen Recherchen oft eine zentrale Funktion zu, nicht nur investigativ, sondern auch kommunikativ. Bei den bis Ende 2024 über hundert Untersuchungen von Forensic Architecture wird *remote sensing* in etwa einem Drittel der Fälle verwendet. Der Einsatz reicht vom Monitoring der israelischen Kriegsführung und

Untersuchungen möglicher Kriegsverbrechen in Gaza über illegale ›Push-Backs‹ und ›Drift-Backs‹ von Geflüchteten im Mittelmeer, Umweltverbrechen wie Rodungen und Verschmutzung etwa in der Amazonasregion bis zur Rekonstruktion von Drohnen- und Bombenangriffen in Pakistan.[52] Bellingcat wiederum erwirbt und analysiert mitunter Satellitenbilder auf der Grundlage von Vorschlägen von Follower:innen, bietet aber auch Hinweise und Anleitungen zur Nutzung frei verfügbarer Satellitenbilder an, etwa um Siedlungsaktivitäten im Westjordanland zu überwachen.[53]

Vorher/Nachher

»Um festzustellen, wann die Leichen auftauchten und wann die Zivilisten wahrscheinlich getötet wurden, führte das Visual Investigations Team der Times eine Vorher-Nachher-Analyse von Satellitenbildern durch«, heißt es in der Butscha-Recherche der *New York Times*. »Vorher-Nachher-Analyse«: Damit benennt der Artikel schon das zentrale Dispositiv dieser Art von Investigation und Intervention. Ein Dispositiv, das selbst zu einer visuellen Trope des Wandels und der Katastrophe und ein fester Bestandteil des zeitgenössischen Medienökosystems geworden ist. Vorher-Nachher-Vergleiche produzieren zwar keine ikonischen Bilder, sind aber selbst zu Metonymien für katastrophale Ereignisse geworden – wenngleich sie die Ereignisse an sich für gewöhnlich nicht abbilden. Ob bei der Untersuchung der Morde von Butscha, der Angriffe auf Mariupol, der Zerstörung von Kulturstätten in der Ukraine oder von Moscheen in Xinjiang und der Errichtung von Lagern dort, ob bei der Aufarbeitung der Terrorangriffe vom 7. Oktober 2023 in Israel oder der folgenden Luftangriffe auf Gaza und im Libanon, ob bei der Berichterstattung über Waldbrände oder Überschwemmungen: immer wieder Vorher-Nachher-Gegenüberstellungen. Konflikte, Krisen, Katastrophen produzieren Vergleichsmaterial und -notwendigkeiten, die Suche nach Ursprüngen, Kipppunkten, Transformationsmarkern, Spuren, Täter:innen.

Die visuell-investigative *NYT*-Untersuchung der Morde in Butscha weist mehrere der Schlüsselelemente auf, die eine einfache Präsentation zweier Bilder desselben Ortes in eine vergleichende Konfiguration verwandeln,[54] die aus zwei gegenübergestellten Bildern ein forensisches Instrument, ein Dispositiv für die Produktion von Wahrheit und Wissen über Kriegsverbrechen machen. Das zentrale Element oder Ziel der Ermittlungen, in diesem Fall die Urheberschaft der Kriegsverbrechen in Butscha, bleibt auf den Satellitenbildern jedoch unsichtbar. Der von der US-Firma Maxar Technologies betriebene Satellit hat weder Taten noch Täter eingefangen. Und selbst wenn Butscha zur Tatzeit in der Reichweite der Sensoren eines kommerziellen Satelliten gewesen und die Bewölkung nicht zu dicht gewesen wäre, hätte man die Täter zwar wohl zuordnen, aber kaum identifizieren können, weil die Perspektive und die maximale Auflösung kommerziell erhältlicher Satellitenbilder dies nicht erlauben.[55]

Was der *NYT*-Artikel stattdessen präsentiert, ist eine kurze Montage, bestehend nur aus zwei Bildern. Obwohl die Formatierung des Clips einen nahtlosen und fließenden Übergang zwischen den beiden Bildern und Momenten in der Zeit ermöglicht und sie in einen Loop mit Evidenzeffekt überführt, ist der eigentliche Gegenstand des Artikels das, was zwischen den beiden Aufnahmen geschah – die bilderlose Lücke. Forensische Untersuchungen und Operationen zielen darauf ab, diese Lücke zu schließen oder vielmehr mit Geschichten, Protokollen, Spuren zu füllen,[56] die oft durch andere Medien ergänzt werden. Aus der Kluft zwischen dem Vorher und dem Nachher soll es dann in Erscheinung treten: das Ereignis, das durch Abwesenheiten, Spuren und Fährten referenzialisiert wird. Dabei folgen die Rechercheur:innen einem Modell der visuellen Evidenz, das eng mit der Logik des »Indizienparadigmas« verbunden ist. So nannte Carlo Ginzburg die um 1900 entstandene epistemische Formation, die auf dem Lesen von Symptomen, Details, Spuren und Abdrücken beruht. Ermittlungspraktiken, die »indirekt, durch Indizien vermittelt, konjektural«[57] sind, folgen einer forensischen Zeitlichkeit und Logik der Übersetzung: dem Sammeln und Analysieren von Überresten vergangener Ereignisse in der Gegenwart, um sie »zum Sprechen zu bringen«[58] und in Beweise zu verwandeln.

In ihrem Essay über Vorher-Nachher-Bilder greifen Eyal und Ines Weizman die Zeitlichkeit der Lücke auf und verfolgen sie bis zu den Vertretern der Bildgattung in der Fotografie und zur Latenzzeit der fotochemischen Belichtung und Entwicklung zurück.[59] Latenz, zeitliche Verzögerung, ist in mehrfacher Hinsicht der temporale Modus von Satellitenbildern. Nicht nur betrifft sie den Einsatz von Satelliten für die Nachrichten- und Bilderfassung, weil die an die Umrundung des Planeten gebunden sind. Satellitenbilder sind zudem von einer anderen Art von Latenz betroffen, die spezifisch für ihre Medialität ist: Sie ergibt sich seit dem Ende jener Satelliten, die bis in die Achtzigerjahre mit Filmmaterial und zur Erde segelnden Kapseln operierten, nicht mehr daraus, dass Bilder erst noch entwickelt werden müssten, sondern aus dem Zugriff und der Verarbeitung der Daten: »Satelliten scannen ständig und still die Erde, aber vieles von dem, was sie registrieren, wird nie gesehen oder bekannt. Das Satellitenbild wird also erst dann wirklich produziert, wenn es sortiert, gerendert und in Umlauf gebracht wird [...]. Satellitenbilddaten werden nur dann zu einem Dokument des ›Realen‹ und zu einem Index des ›Historischen‹, wenn es Grund zu der Annahme gibt, dass sie für aktuelle Angelegenheiten relevant sind.«[60] Der Schlaf der in ihren Speichern ruhenden Daten ist die Regel, das Bild die Ausnahme.

Satellitenbilder gehören mit anderen Worten zu einer Ordnung von Bildern, die ›Ereignishaftigkeit‹ signalisieren und zugleich überhaupt erst herstellen. Obwohl kommerzielle Satelliten aufgrund der erwähnten technischen Beschränkungen für eine Echtzeitüberwachung nicht besonders gut geeignet sind, werden Satellitenbilder zumindest in der Populärkultur häufig mit der Überwachungsallwissenheit und der Macht eines Superblicks aus dem Orbit aufgeladen.[61] Wenn das Satellitenunternehmen Maxar Technologies seine »analysebereiten Daten« (ARD) mit einem Zugriff auf »Maxars 20 Jahre [überspannende], mehr als 110 Petabyte [umfassende] hochauflösende Satellitenbilderbibliothek«[62] bewirbt, dann korrespondiert hier die Trope einer synchronen Überwachungsallwissenheit mit einer diachronen, die das ›Historische‹ anzeigt: »Archive von Satellitenbilddaten schaffen somit das Potenzial für eine *diachrone Allwissenheit* – einen Blick *durch* die Zeit –, da sie es ermöglichen, in der Gegenwart Ansichten der Vergangenheit (und mithilfe von Computermodellen auch der Zukunft) zu erzeugen, von denen man nie wusste, dass sie überhaupt existieren, geschweige denn, dass man sie gesehen hat.«[63]

Der Einsatz von Satellitenbildern bei der Aufklärung von Menschenrechtsverletzungen bringt daher eine neue forensische und auch epistemische Anordnung hervor, die Andrew Herscher in einem einflussreichen Aufsatz als »surveillant witnessing« bezeichnet hat: als eine »hybride visuelle Praxis, die an der Schnittstelle von Satellitenüberwachung und Menschenrechtsbeobachtung entstanden ist« und in der sich Menschenrechts- und militärische Belange miteinander vermischen.[64]

Am Beispiel der »Eyes on Darfur«-Kampagne, einer der ersten prominenten vor allem mit Satellitenbildern arbeitenden Menschenrechtsuntersuchungen, die sich den ethnischen Säuberungen im Südsudan widmete, beschreibt Herscher ein generelles strukturelles Problem der Nachträglichkeit, das sich auch an den Bildern aus Butscha ablesen lässt: Da die Archivierung von Satellitenbilddaten es ermöglicht, auf Monate zuvor erfasste Daten zuzugreifen und daraus Bilder zu generieren, wird auf die Vorher-Bilder zumeist *nach* den Nachher-Bildern zugegriffen, um eine »Grundlage für den Vergleich«[65] zu erhalten. Das Vorher-Bild, der Vorher-Zustand, ist so implizit mit dem Eindruck der Normalität oder des Gewöhnlichen verknüpft, um die Unterschiede, die Zerstörung oder den Tod zu zeigen, die das dazwischenliegende Ereignis dann im Hinblick auf das Nachher-Bild verursacht haben wird. Das Bild der leeren Yablonska-Straße in Butscha am 28. Februar 2022 hat vor allem den Zweck (und ist daher nur eine halbe Sekunde lang im *NYT*-Clip zu sehen), als Hintergrund für die hervorzuhebenden Körper zu dienen. Vorher-Nachher erweist sich hier nicht nur als ein investigatives Dispositiv, sondern auch als ein eigenes Narrativ mit einer unerbittlichen Logik, das Gefahr läuft, durch die Schlichtheit der Anordnung und den Eindruck unmittelbarer Evidenz die vollzogenen Analysen zu verdecken.

Remote Sensing – Ground Truth

Vorher-Nachher-Bildvergleiche mögen der Ideal- oder Reintypus einer so simplen wie schlagenden forensischen Bildoperation sein. Aber im Ermittlungs- und Rechercheralltag sind sie, wie im *NYT*-Butscha-Beispiel zu sehen, zumeist nur ein Bildtypus unter vielen. Oft sind sie einfach Teil von multimedialen Storytelling-Strategien. Satellitenbilder sind dann das Gegenstück zu Handyfotos, verwackelten Videos oder der Abbildung von Chatverläufen, eine »Bühne« für Recherchen und Reportagen,[66] mit der Funktion, Ordnung und Überblick zu schaffen, zu objektivieren, zu kontrastieren. **(#14)**

Die komplexe Infrastruktur und die Medialität von *remote-sensing*-Daten, übersetzt in Satellitenbilder, die wiederum ausgewertet und publiziert werden, verschwinden dabei zumeist hinter den Bildern selbst – wenig anschauliche Metadaten und für Lesende unattraktive, mit technischen Details angefüllte Infokästen werden schon allein aus publikationspragmatischen Gründen weggelassen. Die Frage, woher die Bilder stammen, mit denen Forensic Architecture, die *New York Times*, *ZEIT* und andere operieren, und wie der Weg von der Satellitendatenerfassung bis zur Satellitenbildpublikation genau verläuft, ist entsprechend keine triviale. Dass Redaktionen oder investigative Agenturen von privaten

Unternehmen wie Maxar oder Planet Labs bereitgestellte Satelliten mieten beziehungsweise *tasken*, das heißt Bilder, Koordinaten, genaue Überflugzeiten in Auftrag geben, ist nach wie vor die Ausnahme. Gleichwohl arbeiten neben kommerziellen Satellitenunternehmen und offenen Plattformen zunehmend auch kleinere Start-ups daran, die Suche, den Erwerb und die Publikation von Satellitenbildern zu vereinfachen und auf investigative Bedürfnisse und Wünsche zuzuschneiden.[67] Satellitenbilder ›lesbar‹ zu machen, indem man Unterschiede beziehungsweise Transformationen identifiziert, sie mit Anmerkungen versieht und ver- oder abgleicht, ist nur ein – wenngleich entscheidender – Schritt im Untersuchungsprozess. Für die Abgleich-, Verifizierungs-, Synchronisierungs- und Referenzialisierungsoperationen halten die Umweltwissenschaften, die Archäologie und Geografie einen

#14   Satellitenbild als Bühne: *ZEIT online*, »Die Schlacht um Mariupol«

Begriff bereit, der auf Informationen verweist, die *in situ*, im ›Feldvergleich‹, eventuell wirklich ›am Boden‹ gesammelt werden: *ground truth*. Wenn *remote sensing* die Kulturtechnik ist, die mit der und durch die Medientechnologie der Satelliten ausgeübt wird, bezeichnet *ground truth* Kulturtechniken des Probennehmens, Bodendaten- und Bodenbilderaufzeichnens. Dass *remote sensing* beziehungsweise die Analyse von Satellitenbildern selten ohne den Kontext und Abgleich solcher Bodendaten zu haben ist, war bereits im Fall Butschas zu sehen. Im Zuge der Synchronisierung von Satelliten- mit Handyvideobildern deutet sich aber ein weiterer Aspekt der Relation von *remote sensing* und *ground truth*, Satelliten- und Bodenbildern an: Heute ist es weitestgehend irreführend, von einer strikten Dichotomie zwischen »Boden« und »fern/remote« auszugehen, die dann andere mächtige und allzu simple Gegenüberstellungen wie »analog« und »digital« nahelegen könnte (in diesem Fall mit der Annahme: analoger Boden – digitale Daten/Bilder). Auch »ground« oder »Boden« ist zu einer Kategorie geworden, die sich auf verschiedene Aggregatzustände von Daten bezieht, die oft die Form von Bildern annehmen (wie etwa mit der Handykamera gemachte Videos). Das bedeutet, dass *ground truth* heute ebenfalls häufig eher »aus einer Masse von Bildern gelesen« wird als aus dem physischen Boden.[68]

Diese Stadt existiert nicht

Wenn *ground truth* nicht mehr zwangsläufig einen physischen Bodenkontakt, eine Anschauung vor Ort erfordert, hat das Konsequenzen für die Wahrheitsfindung in den investigativen Praktiken der Gegenwart. Zum einen ist es gleichermaßen ihre Arbeitsvoraussetzung und oft auch Erkenntnis, dass Wahrheitsfindung aus multiplen Operationen besteht, die etwa die Verankerung von Bildern mit und in Karten und von statischen Aufnahmen mit und in Videos beinhalten, ebenso Querverweise und die Synchronisierung von Daten mit Daten, von Bildern mit anderen Bildern, »um Daten in lesbare, vergleichbare Formen zu bringen«.[69]

Auf der anderen Seite geraten die Wahrheits- und Verweisstrukturen in Bewegung, werden instabil, wenn der Boden oder Grund der Satellitenbilder nur ein anderes Bild oder vielmehr ein anderer Datensatz ist, der ebenfalls bildförmig sein kann. Die für investigative Arbeit wohl notwendige Prämisse, in Satellitenbildern ein womöglich letztes Außerhalb der Bilderskepsis zu haben, eine unhintergehbare, stabile Grundlage oder eben einen *common ground* für Recherchen, Reportagen und Forschung, verdankt sich gewiss nicht nur der Projektion auf einen scheinbar neutralen, nichtmenschlichen apparativen Blick. Eine solche Prämisse hat zumindest für viele investigativ arbeitende Akteur:innen auch darin ihre Legitimation, dass ein Satellitenbild eben nur *ein* Aggregatzustand eines oftmals riesigen (Meta-)Datensets ist, das stoischer, komplexer, manipulationsresistenter ist als die sichtbare ›Vorderseite‹.[70]

Aber »Faktenleugnung ist Affektpolitik.«[71] Und Bilderglaube *und* Bilderskepsis sind längst strategisches Werkzeug im Baukasten von Selbst- und Weltbildern, gerade dort, wo nicht auf Konsistenz gezielt wird, sondern auf Zersetzung und Affektmobilisierung. Trotz der verbreiteten Objektivitätszuschreibungen wird deshalb auch der Wahrheitswert von Satellitenbildern mit Skepsis beargwöhnt, wird ihnen

Manipulation unterstellt. Im Zentrum stehen dabei ohnehin immer nur Bildoberflächen, wo Datensätze sind. Skepsis und konspiratives Begehren gehen inzwischen nicht nur oft mit pseudoforensischen Bildinterpretationen einher.[72] Die haben allgemein die potenzielle Manipulierbarkeit aller Arten von Bildern als Prämisse, so etwa bei Fälschungsunterstellungen im Fall der Butscha-Bilder oder tatsächlich manipulierten, vom russischen Verteidigungsministerium veröffentlichten Satellitenbildern in Bezug auf den Abschuss des Linienflugzeugs MH17 im Jahr 2014. Und solche (Fehl-)Deutungsversuche berufen sich zunehmend auch auf die *deep fakebility, die* Herstellbarkeit sämtlicher Arten von Bildern durch generative künstliche Intelligenz.

»This X does not exist«: Diese Netzformel bezeichnet Bildobjekte, die durch ein *generative adversarial network* (GAN) produziert werden, eine Art des maschinellen Lernens, bei der sich zwei neuronale Netzwerke gegenseitig trainieren, um zum Beispiel fotorealistische Bilder zu generieren.[73] Und neben Gesichtern, Katzen, nichtexistierenden Mietwohnungen, Autos oder Lebensläufen finden sich unter diesem Label inzwischen auch Städte, die weder auf einer echten Karte anzutreffen noch sonst irgendwie physisch anzusteuern sind, sondern nur auf KI-generierten Satellitenbildern existieren. Die Website *This City Does Not Exist*[74] nutzt aus OpenStreetMap extrahierte Trainingsdatensets mit Satellitenbildern von Stadtzentren, die von den Satelliten WorldView und Sentinel-2 stammen. (#15) Das Zoomen in die KI-generierten Städte gerät schnell an Auflösungsgrenzen, und die Straßen verlaufen mitunter etwas gezackt. Anders als bei Deep-Fake-Gesichtern und Fake-Ferienwohnungen

#15 KI-generiertes Satellitenbild: *This City Does Not Exist*

sind die Anwendungsmöglichkeiten von KI-Satellitenbildern wie den Stadtbild-Fiktionen von *This City Does Not Exist* oder etwa den *Urban Fictions* der Architekt:innen Matias del Campo und Sandra Manninger[75] bislang zumeist rein experimentell – keine böswilligen Fakes, sondern geografische, städteplanerische oder künstlerische Möglichkeitssinnprodukte, bei denen wiederum die KI als Spielwiese und Trainingsplatz für die Menschen dient.

Dass politisch motivierte Fake-Erzeugungen auf dem KI-Trainingsgelände aktuell noch nicht erfolgreich unterwegs sind, ist deshalb wohl nicht nur auf mangelnde technische Kapazitäten und Kompetenzen zurückzuführen. Für eine Bildoberflächenmanipulation reicht im Grunde oft auch Photoshop. Und Satellitenbilder-Deep-Fakes ohne eine entsprechende falsche *ground truth* wären wenig mehr als mögliche Landschaften, potenzielle Geo- und Topografien, an die sich Affekte wohl nur schwerlich heften können.

3 | Zukunft sehen

Börsentipps aus dem Orbit

Taten nicht nur forensisch zu rekonstruieren, sondern auch vorherzusagen, das ist eine Realität gewordene Science-Fiction-Fantasie: zum Beispiel beim *predictive policing*, bei dem die Polizei mit Mustererkennung, Statistiken und Modellen Täter:innenprofile generiert, Tat- und Tatortwahrscheinlichkeiten berechnet und ausgehend davon Einsatzpläne aufstellt oder Verbrechen zu verhindern versucht beziehungsweise zu verhindern behauptet. Vorhersage ist das große Versprechen KI-gestützter Datenaggregation und -analyse überhaupt. »Wie KI Satellitenbilder zu einem Fenster in die Zukunft macht«:[76] Eine solche PR-Schlagzeile reaktiviert nicht nur den alten Topos vom Bild als Fenster, sondern auch den neueren einer greifbaren Möglichkeit von Prognosen und

Zukunftsmodellen, die aus den Mustern der Vergangenheit und Gegenwart errechnet werden und die in die computerisierte Kalkulation und Lenkung von Handlungen überführt werden sollen: Was ein Bild aus dem All beispielsweise verraten kann? »Hier wird es wahrscheinlich eine Dürre geben, die zu Unruhen führen könnte.«[77]

Es ist eine grundlegende *ground truth*, dass Klima-, Umwelt- oder Naturkatastrophen direkt und kausal mit Fluchtbewegungen und Gewalt unter und gegen Menschen verknüpft sein können. Mit dem Konzept der Umweltsicherheit wird im Feld der internationalen Beziehungen versucht, diese Verflechtungen zu berücksichtigen. Zugleich birgt der über Satelliten neu erfasste Boden das Versprechen, aus den Modellierungen nicht nur Aufschluss über Umweltsicherheitsrisiken zu erhalten, sondern daraus auch politisch und ökonomisch Kapital schlagen zu können. Denn dass der Boden umkämpft ist, ist nicht bloß eine Binsenweisheit, die für die Konflikte und ›Wahrheitskriege‹ der Gegenwart gilt. Es ist ein praktisches Problem, das neben der Umweltsicherheit die Wirtschaft betrifft und zahlreiche Disziplinen wie Klimaforschung und Geologie ebenso sehr beschäftigt wie Landwirtschaft, die Versicherungs- und extraktivistische Industrie sowie Investmentbroker und Trader.

Die Entstehung, Aktivität und Produktivität von Minen, die Ernteerträge auf den Feldern, die Wasserstände in Flüssen und Stauseen, die Ölstände in den Tanks der Raffinerien oder auch die Anzahl von Autos auf den Parkplätzen der großen Supermarktketten: Zukünftige Bilanzen werden aus den Bildern des Jetzt kalkuliert, wobei die Bilder nur Datenpunkte in den algorithmischen Analysekomplexen sind.[78] Was im

Börsenhandel eigentlich nach Insider Trading riecht: sich mit Informationen, die anderen nicht zur Verfügung stehen, einen Vorsprung zu verschaffen, ist inzwischen nicht nur Geschäftsmodell, sondern gute Geschäftspraxis. Die Rückkoppelungen und Schleifen von Bildern und Daten, die diese Praktiken ermöglichen, lassen auf *futures* spekulieren und modellieren damit selbst die Zukunft. Auch der Status des Bildes hat sich in diesen Praktiken verschoben und jener des in den forensischen Bildzugriffen oft noch dominierenden Indizienparadigmas mit ihm: Wo Spuren waren, sind nunmehr lediglich Pixel und Muster – und die führen eben nicht nur in die Vergangenheit, sondern auch in Simulationen und Modelle der Zukunft, die wiederum die Rekalibrierung und Neuausrichtung der Sensoren und Datenakquisition ermöglichen und bedingen.

Stephen Cornfords Videoarbeit *Spectral Index* (2023) beleuchtet neben diesem Kreislauf noch einen weiteren Aspekt im Verhältnis von Satelliten- und auch Kamerasensoren, Bodenausbeutung und Profiten. *Spectral Index* ist ein videoessayistisches Inventar, das all die unterschiedlichen Bodenschatz-, Vegetations-, Gesteins-, Wasser- und Gletscherindizes auflistet, die über multi- und hyperspektrale Satellitensensoren generiert werden, mit Scannern, die erfassen, wie stark Wellenlängen von einer Oberfläche oder einem Gestein absorbiert oder reflektiert werden. Die Auflistung von *Spectral Index* führt diese Indizes mit den Börsenindizes zusammen, in denen etwa die mithilfe der Sensoren identifizierten Mineralien als Teile von Unternehmenswerten auftauchen. Die Arbeit ist eine experimentelle Anordnung unter der Prämisse, dass solche Sensoren gleichsam ihre eigene Zukunft sichern. Sie ermöglichen schließlich die Quantifizierung der Metalle und seltenen Erden, die die Sensoren für ihre Produktion benötigen – »das Reflektieren der Steine einfangend, um ihre eigene Zukunft zu füttern [,] [...] endlos jeden Zentimeter der Erde indizierend, um den Profit aus ihren Pixeln zu errechnen«.[79]

Nicht nur die so generierten Sensorbilder, auf denen etwa Boden-, Gesteins- und Fotosensorzusammensetzungen nebeneinandergestellt werden, sind fundamental von Feedbackschleifen bestimmt. (#16) Die mit diesen Sensoren in Geologie, Meteorologie, Biologie und Klimaforschung erfassten Gegenstände sind höchst dynamisch und lassen sich kaum darstellen in den anschaulichen Vorher-Nachher- oder Früher-Jetzt-Satellitenbildvergleichen, mit denen der

#16 Profit aus Pixeln: Boden- und Sensorbilder aus Stephen Cornfords *Spectral Index*

menschliche Einfluss auf die Wälder, die Küsten, den Boden, die Landschaft gerne visualisiert wird. Fast alles, was wir über das Wetter von morgen wissen können, wissen wir mittels Satelliten. Und »[a]lles, was wir über das Klima der Erde wissen – ob das vergangene, gegenwärtige oder zukünftige –, wissen wir mittels Modellen.«[80] Die Satellitenära ist in der Tiefenzeit des Klimas nur eine Momentaufnahme. Und doch schreiben die Sensoren beständig an den Berechnungen dieser Tiefenzeit mit – und damit an den Bildern der Zukunft des Planeten.

Provinz eines Mannes

Ein sternklarer Abendhimmel, 28. August 2024. Beobachter:innen wie Hirō Onoda hätten nicht nur *ein* bewegtes Himmelsobjekt entdeckt, sondern die Gelegenheit für zahlreiche Sichtungen gehabt. Und andere Mittel als die Deduktionsfähigkeit eines Dschungelkämpfers, um herauszufinden, worum es sich dabei gehandelt haben könnte. (#17) Diese Mittel sind sogar bei einem wolkenlosen Himmel meistens notwendig, denn Satelliten im Lower Earth Orbit mit bloßem Auge zu sehen ist angesichts ihrer Geschwindigkeit und oft auch Kompaktheit eher unwahrscheinlich. Und so werden sie transformiert in Bildobjekte und Ansichten, die synthetisieren und Beobachtbarkeit simulieren.

Als »Provinz der ganzen Menschheit«, zur friedlichen Nutzung für alle Nationen, wurde der Weltraum im *Treaty on Principles Governing the Activities of States in the Exploration and Use of Outer Space, including the Moon and Other Celestial Bodies* oder kurz *Outer Space Treaty* von 1967 im Ausschuss für die friedliche Nutzung des Weltraums der Vereinten Nationen (United Nations Committee on the Peaceful Uses of Outer Space) gefasst. Dass daraus keine rechtlich bindende oder gar zukunftssichere Regulierung resultierte, nutzen Staaten wie Unternehmen insbesondere seit einigen Jahren aus. Die Menge an Satelliten im Lower Earth Orbit hat sich in den letzten Jahren vervielfacht, auf Anfang 2025 knapp 8.000. Dabei wird der Nutzungsraum für die gesamte Menschheit zunehmend, so scheint es, zur Provinz eines einzigen Mannes:[81] Elon Musk, den seine (inter)planetarischen Ideen über die Zukunft der Menschheit auf und jenseits der Erde wohl schon früh zum Satellitenpropheten gemacht haben, hat das Firmament um Tausende von gar nicht fixen künstlichen Lichtpunkten erweitert, Starlink-Satelliten, die Konstellationen bilden und so die Welt jenseits der Glasfaser- und anderer Kabel mit Internetzugängen versorgen sollen.

Die Chancen stehen gar nicht schlecht, dass nicht nur am besagten 28. August 2024, sondern auch an dem Tag, an dem Sie das hier lesen, wieder eine Falcon-9-Rakete von der Vandenberg Space Force Base in Kalifornien, der Cape Canaveral Space Force Station oder dem Kennedy Space Center in Florida startet, um eine Ladung

#17 Satelliten-Himmel über den Balearen am 28.8.2024 via Heavens-Above

von Starlink-Satelliten in den (very) Low Earth Orbit (LEO) zu befördern. Bis zu zehn Starts pro Monat waren es im Jahr 2024, mit insgesamt mehr als 1.800 Satelliten bis Ende des Jahres. Der volatile Mr. Musk macht große Politik, und das nicht nur mit dem Daumen auf der X-Tastatur oder als von Donald Trump installierter Leiter eines »Department of Government Efficiency« (DOGE), das die US-amerikanischen Staatsausgaben um viele Milliarden reduzieren soll, sondern auch mit diesen Raketenstarts und -ladungen. Das zunehmend weltumspannende, auf Flächendeckung angelegte und angewiesene Starlink-Satellitennetzwerk versorgt Kreuzfahrtschiffe, Luxusyachten und Fischereiflotten, ländliche Gebiete und abgelegene Anwesen, aber ebenso das ukrainische Militär mit Internetzugang über kleine mobile Terminals: Über die lassen sich Serien und Filme streamen, Tiere tracken oder Kommunikationswege aufrechterhalten – oder eben Drohnen und Waffensysteme steuern. Wie die ›Tauben‹ von Planet Lab sei Starlink eigentlich als Friedenstechnologie intendiert gewesen: »Starlink war nicht für Kriege gedacht. Es sollte dazu dienen, dass die Leute Netflix schauen und für die Schule recherchieren können. Es sollte für gute, friedliche Sachen genutzt werden, nicht für Drohnenangriffe.«[82] So kolportiert Musk-Biograf Walter Isaacson die Überlegungen von Elon Musk, nachdem dieser Starlink vorgeblich aus Angst vor Autokraten und Atomwaffen zwischenzeitlich für ukrainische Einsätze auf der Krim deaktiviert hatte.

Mittlerweile wurde Starlink ein militärisches Upgrade verpasst, Starshield, und Musks SpaceX ist ein zentraler Vertragspartner des amerikanischen Verteidigungsministeriums, eine *public-private partnership*, wie sie für zivile Raumfahrt- und Satellitenunternehmen nicht weniger charakteristisch ist als für Rüstungskonzerne. Schließlich ist ihre Arbeit nicht nur extrem kostenintensiv, sondern auch überaus riskant, weshalb sie Risikokapital ebenso anzieht wie abstößt. Die Arbeit dieser Unternehmen setzt *money to burn* voraus, was hier buchstäblich zu verstehen ist.

Wirkte der Wettlauf zum Mars und zur kommerziellen Raumfahrt zunächst wie die narzisstischen *space wars* einiger Milliardäre (neben Musk noch Jeff Bezos und Richard Branson), so ist Musk mit SpaceX nun ein Quasimonopolist des Weltraums mit direktem Regierungszugang, dessen Falcon-9-Raketen nicht nur die Satelliten der amerikanischen Dienste, sondern vorerst ebenso die von Jeff Bezos in den LEO befördern. Noch werden die geopolitisch (und nicht

#18   Starlinkzug über dem Tübinger Rathaus

plattformkapitalistisch) motivierten Weltraumkriege, für die in den USA die Space Force eingerichtet wurde, nicht offen ausgetragen. Sie werden eher über Satellitenbande gespielt, mit Elon Musk im Zentrum, als Link zwischen den Weltraumkräften. Bilderkriege sind sie jedenfalls bislang keine. Auch die nicht sonderlich fotogenen Starlinksatelliten selbst sind Bildobjekte vor allem in den Konstellationen, die sie bilden. Insbesondere die Gruppen mit Satelliten, die sich noch nicht voneinander entfernt haben, ein digitaler Schweif mit Belichtungsartefakten, sind beliebte Objekte für die Hobbybeobachter:innen künstlicher *stars*, die über Apps wie Satellite Tracker, Websites wie *findstarlink.com* und Regionalzeitungsartikel die nächste Sichtung eines *trains*, eines Starlinkzuges, planen können. (#18)

Bei SpaceX, das seine Falcon-Starts naturgemäß auf der X-Plattform des Chefs launcht, dominiert ästhetisch neben einem routinierten Start-up-Webauftritt die Diagrammatik des Verteilungsbildes. (#19) Dass diese Verteilungsbilder im X-Ökosystem die Distribution ebendieser Bilder über das Internet nun gleichsam mitillustrieren, ist fast ein Satellitenwitz. Die Verteilungsbilder, die dagegen ein Anbieter wie LeoLabs vom LEO generiert, ergeben im Ganzen einen neuen digitalen Globus, der nicht mehr wolkenlos gerechnet wird, sondern im Gegenteil nicht mehr zu sehen ist hinter einem wachsenden Gürtel aus Müll und Kleinsttrümmern. (#20) Aus diesen Bildern die Zukunft zu errechnen – die von Konflikten auf der Erde und im Weltraum, aber auch die von Umweltschäden und Allabfall –, das ist wohl die Aufgabe für Think-Tanks, Verteidigungsministerien, Gremien für Kartellrechtsanhörungen und andere Agenturen, die *space domain awareness* – das

#19   Globales Verteilungsbild: Live-Simulation der Starlink-Positionen

#20   Überfüllter Erdorbit: Satelliten und Trümmer via LeoLabs

Wissen um die Anzahl und den Aufenthalt von Objekten im Weltraum – nicht nur als eine Nachrichtendienstleistung, sondern im Sinn einer erweiterten *environmental awareness* als Aufklärung über und Sorge um die Verbreitung und Verteilung von Satelliten und Weltraumschrott verstehen.

Besorgte Blicke in den digitalen Orbit sehen heute also keine unendlichen Weiten und auch keinen einzelnen Lichtpunkt als Stellvertreter für eine neue militärisch-technologische Großaufrüstung, wie ihn Hirō Onoda beobachtet hatte. Sie sehen sich verengende Korridore und potenzielle Kipppunkte, nicht nur im Weltklimasystem, sondern ebenso im Weltraum selbst, in dem immer mehr Satelliten zu mehr Kollisionen und schließlich einer Kettenreaktion führen könnten, die eine Potenzierung von Trümmern zur Folge hätte. Ob durch *remote sensing*-Daten und ihr symbiotisches Verhältnis zu Modellen, die die möglichen Zukünfte und Vergangenheiten von Klima und Planet computerisieren;[83] ob durch das Aluminiumoxid, das in der Atmosphäre verglühende Satelliten freisetzen und das die Ozonschicht angreifen könnte; ob durch die Vorhersage-, Kommunikations- und Lokalisierungsinfrastrukturen; oder ob durch die Trümmer, an denen all dies zerschellen könnte: Die Zukunft steht in den künstlichen Sternen.

Anmerkungen

1. Werner Herzog: *Das Dämmern der Welt*, München: Hanser 2021, S. 105.
2. So notorisch bei Friedrich Kittler: *Grammophon, Film, Typewriter*, Berlin: Brinkmann & Bose 1986, S. 149 u. ö.
3. Zumindest von amerikanischen Spionagesatelliten blieb der reale Onoda allerdings unbehelligt, unfotografiert: Die Archive der Corona- und Hexagon-Satellitenmissionen aus dem Jahr 1971 enthalten keine Bilder der Philippinen und anderer Teile Südostasiens. Vgl. das Recherche- und Visualisierungstool {keyhole.engelsjk.com}.
4. Marshall McLuhan: »At the Moment of Sputnik the Planet Became a Global Theater in Which There Are No Spectators But Only Actors«, in: *Journal of Communication* 24/1 (March 1974), S. 48–58, hier S. 49. Vgl. dazu auch Vera Tollmanns Kommentar in ihrer umfassenden und instruktiven Vertikalbildstudie *Sicht von oben. »Powers of Ten« und Bildpolitiken der Vertikalität*, Leipzig: Spector Books 2022, S. 153–158.
5. »Satellitenbildszene«, in: *Lexikon der Fernerkundung*, {fe-lexikon.info/lexikon/satellitenbildszene}.
6. Jennifer Gabrys: *Program Earth. Environmental Sensing Technology and the Making of a Computational Planet*, Minneapolis/London: University of Minnesota Press 2016, S. 1.
7. Tollmann 2022 (wie Anm. 4), S. 49.
8. Ebd.
9. {verticalatlas.net}.
10. Gabrys 2016 (wie Anm. 6), S. 1.
11. Sverker Sörlin/Nina Wormbs: »Environing Technologies: A Theory of Making Environment«, in: *History and Technology* 34/2 (2018), S. 101–125.
12. Delf Rothe/David Shim: »Sensing the Ground. On the Global Politics of Satellite-Based Activism«, in: *Review of International Studies* 44/3 (July 2018), S. 414–437, hier S. 414.
13. Laura Kurgan: *Close Up at a Distance: Mapping, Technology, and Politics*, Brooklyn, NY: Zone Books 2013, S. 118.

14 Vgl. einschlägig Claus Pias: »Das digitale Bild gibt es nicht. Über das (Nicht-)Wissen der Bilder und die informatische Illusion«, in: *zeitenblicke* 2/1 (2003), o. S.

15 Wie eine solche Pipeline ganz konkret aussieht und was das für eine zivile Nutzung bedeutet, das zeigen etwa Beispiele aus einer datenwissenschaftlich operierenden Landwirtschaft, die mithilfe von Landsat-8-Satellitendaten und maschinellem Lernen Pflanzenwachstum kostengünstig vorhersagen möchte. Vgl. Blair Drummond: »Writing a Satellite Imaging Pipeline, Twice: A Success Story«, {statcan.gc.ca/en/data-science/network/satellite-imaging}.

16 Jussi Parikka: *Operational Images: From the Visual to the Invisual*, Minneapolis: University of Minnesota Press 2023, S. 58.

17 Adrian MacKenzie/Anna Munster: »Platform Seeing: Image Ensembles and Their Invisualities«, in: *Theory, Culture & Society* 36/5 (2019), S. 3–22, hier S. 18 [Herv. im Original].

18 Allan Sekula hat unter diesem Begriff eine Archäologie von Luftbilderarbeit im Ersten Weltkrieg vorgenommen. Vgl. Allan Sekula: »The Instrumental Image: Steichen at War«, in: *Artforum* 14/4 (1975), S. 26–35.

19 Im Anschluss an Harun Farocki hat zuletzt Jussi Parikka den Begriff des operativen Bildes für Daten-Bildrelationen evaluiert und erweitert: »Das Operative bezieht sich also auf eine weitreichende, verteilte Fähigkeit, die Welt als Bilder wahrzunehmen, zu registrieren und zu verdauen und sie als Modelle wieder auszuspucken.« Parikka 2023 (wie Anm. 16), S. 160.

20 Vgl. Doreen Mende/Tom Holert: »Editorial: ›Navigation Beyond Vision, Issue One‹«, in: *e-flux Journal* 101 (June 2019), {e-flux.com/journal/101/274019/editorial-navigation-beyond-vision-issue-one/}.

21 Vgl. Alberto Toscano/Jeff Kinkle: *Cartographies of the Absolute*, Winchester: Zero Books 2015. Toscano und Kinkle interessieren sich in ihrer Aufnahme eines Begriffs von Allan Sekula vor allem für die kapitalistische (Bilder-)Logistik grosso modo.

22 Vgl. Donna Haraway: »Situated Knowledges: The Science Question in Feminism and the Privilege of Partial Perspective«, in: *Feminist Studies* 14/3 (Fall 1988), S. 575–599.

23 Bruno Latour: *Das terrestrische Manifest*, Berlin: Suhrkamp 2018, S. 81.

24 Gayatri Chakravorty Spivak: *Imperative zur Neuerfindung des Planeten/ Imperatives to Re-imagine the Planet*, Wien: Passagen 1999, S. 45.
25 Vgl. Bernhard Siegert: »The map *is* the territory«, in: *Radical Philosophy* 169 (September/October 2011), S. 13–16.
26 Das ist recht eigentlich nur konsequent, denn Plastikmüll auch in höherer Konzentration, wie in den Müllteppichen der Weltmeere, ist über Google Earth und Google Ocean zumindest visuell meistens nicht identifizierbar, wie Jennifer Gabrys in einer Analyse deutlich macht. Vgl. Gabrys 2016 (wie Anm. 6), S. 137ff.
27 Diese Aspekte kamen zusammen in dem von Anselm Franke und Diedrich Diederichsen kuratierten Ausstellungs-, Konferenz- und Publikationsprojekt *The Whole Earth – California and the Disappearance of the Outside* (Haus der Kulturen der Welt, Berlin 2013/14). Vgl. Diedrich Diederichsen/Anselm Franke (Hgg.): *The Whole Earth. Kalifornien und das Verschwinden des Außen*, Berlin: Sternberg Press 2013.
28 Ein NASA-Timelapse-Film, der mit den ATS-3-Bildern gemacht wurde, war im Katalog als 16 mm-Kopie erhältlich. Heute ist er bei YouTube zu sehen: *Weather in Motion and Color: From ATS-III Synchronous Satellite*, {https://www.youtube.com/watch?v=KCIH6RVlHaw}.
29 Pablo Abend: *Geobrowsing. Google Earth und Co. – Nutzungspraktiken einer digitalen Erde*, Bielefeld: Transcript 2013, S. 20.
30 Im Alphabet-Ökosystem ist der virtuelle Globus dann mit anderen Applikationen vernetzt wie der Cloud oder Earth Engine, die Zugriff nicht nur auf große geospatiale Datensätze bieten, sondern auch auf eigene Visualisierungs- und Analysetools.
31 So auch Bruno Latour: »Anti-Zoom«, in: Michael Tavel Clarke/David Wittenberg (Hgg.): *Scale in Literature and Culture*, London: Palgrave Macmillan 2017, S. 93–101, hier S. 94.
32 Vgl. Kurgan 2013 (wie Anm. 13), S. 21.
33 Arcade Fire: *The Wilderness Downtown*. An interactive film by Chris Milk. Featuring »We Used to Wait«. Built in HTML5, {thewildernessdowntown.com}.
34 {earthobservatory.nasa.gov/images/76315/where-on-earth}.
35 Zur Gegenüberstellung des NASA-Spiels mit dem Plattformsehen von Alphabets neuronalem PlaNet vgl. Abelardo Gil-Fournier/Jussi

Parikka: *Living Surfaces: Images, Plants, and Environments of Media*, Cambridge, MA/London: MIT Press 2024, S. 159f.

36 Thomas Y. Levin: »Rhetoric of the Temporal Index. Surveillant Narration and the Cinema of ›Real Time‹«, in: Thomas Y. Levin/Ursula Frohne/Peter Weibel (Hgg.): *CTRL [SPACE]. Rhetorics of Surveillance from Bentham to Big Brother*, Cambridge, MA/London: MIT Press 2002, S. 578–593.

37 Vgl. »Spy Satellite Expert Breaks Down Surveillance Scenes from Movies & TV«, WIRED YouTube-Kanal, {youtube.com/watch?v=KI5-ZPdnkyE}.

38 Catherine Zimmer: *Surveillance Cinema*, New York: NYU Press 2015, S. 146.

39 Vgl. Max Read: »'90s Dad Thrillers: a List. Notes toward a Theory of the Dad Thriller«, Post vom 9.11.2021, {maxread.substack.com/p/90s-dad-thrillers-a-list}.

40 James Der Derian: *Virtuous War: Mapping the Military-Industrial-Media-Entertainment Network*, Boulder: Westview Press 2001.

41 Zu Nadars Patenten und Praktiken der Ballonfotografie vgl. Hannah Zindel: *Ballons: Medien und Techniken früher Luftfahrten*, Paderborn: Brill/Wilhelm Fink 2020, S. 81–111.

42 Vgl. Thomas Keenan: »Counter-forensics and Photography«, in: *Grey Room* 55 (Spring 2014), S. 58–77, hier S. 72. Thomas Keenan profiliert den Begriff aus einem ganzen Katalog von »Gegen«-Begriffen Allan Sekulas für, mit Sekula, »forensische Methoden [als] Werkzeuge des Widerstands« gegen staatliche Praktiken des Klassifizierens, Identifizierens, Überwachens und Auslöschens. Vgl. Allan Sekula: »Photography and the Limits of National Identity«, in: *Culturefront* 2/3 (Fall 1993), S. 54–55, hier S. 55, zitiert bei Keenan 2014, S. 69.

43 Eyal Weizman/Ines Weizman: *Vorher @ Nachher. Die Architektur der Katastrophe*, Zürich: Diaphanes 2024, S. 22.

44 Aussage in dem Dokumentarfilm *Wild Wild Space* (2024, Regie: Ross Kauffman).

45 Für eine detaillierte Open-Source-SPOT-Satellitenbildanalyse und Lokalisierung eines Massengrabs und seiner Geheimdienstbilder im Kosovo vgl. Kurgan 2013 (wie Anm. 13), S. 113–128; zur ›Fantasie von Proximität‹ und der framenden Funktion von Satelliten in Srebrenica

vgl. Lisa Parks: *Cultures in Orbit. Satellites and the Televisual*, Durham: Duke University Press 2005, S. 77–107.

46 Colin Powell: »Remarks to the United Nations Security Council«, New York City, 5.2.2003, {2001-2009.state.gov/secretary/former/powell/remarks/2003/17300.htm}. Vgl. dazu auch Barbara Bieseckers granuläre Analyse: »No Time for Mourning: The Rhetorical Production of the Melancholic Citizen-Subject in the War on Terror«, in: *Philosophy and Rhetoric* 40/1 (2007), S. 147–169.

47 Lisa Parks/James Schwoch: »Introduction«, in: Dies. (Hgg.): *Down to Earth. Satellite Technologies, Industries, and Cultures*, New Brunswick, NJ/London: Rutgers University Press 2012, S. 1–16, hier S. 4.

48 Weizman/Weizman 2024 (wie Anm. 43), S. 24.

49 Klaus Krüger: »Evidenzeffekte. Bildhafte Offenbarung in der Frühen Neuzeit«, in: Gabriele Wimböck/Karin Leonhard/Markus Friedrich (Hgg.): *Evidentia. Reichweiten visueller Wahrnehmung in der Frühen Neuzeit*, Berlin/Münster: LIT Verlag 2007, S. 393–424.

50 Malachy Browne/David Botti/Haley Willis: »Satellite images show bodies lay in Bucha for weeks, despite Russian claims.«, in: *The New York Times* online, 4.4.2022, {nytimes.com/2022/04/04/world/europe/bucha-ukraine-bodies.html}.

51 Sylvia Sasse hat die »strategische Desinterpretation« von Text- und Bilddokumenten anhand der pseudoforensischen russischen Fernsehsendung *AntiFejk* (»Anti-Fake«) analysiert, insbesondere die Sendung »Butscha – das ist Fake. Die Beweise« aus dem April 2022, die solche Narrative vorangetrieben hat. Vgl. Sylvia Sasse: »Der pseudoforensische Blick. Krieg, Fotografie und keine Emotionen«, in: Roland Meyer (Hg.): *Bilder unter Verdacht. Praktiken der Bildforensik*, Berlin/Boston: De Gruyter 2023, S. 11–20.

52 {forensic-architecture.org/methodology/remote-sensing}.

53 {bellingcat.com/resources/2024/05/17/how-to-use-free-satellite-imagery-to-monitor-the-expansion-of-west-bank-settlements/}.

54 Zur Vergleichslogik vgl. ausführlicher Verf.: »Grounds for Comparison. Investigating Before-and-after Satellite Images«, in: Antje Flüchter/Kirsten Kramer/Rebecca Mertens/Silke Schwandt (Hgg.): *Comparing and Change: Orders, Models, Perceptions*, Bielefeld: Transcript 2024, S. 231–250.

55 Der Worldview-3-Satellit von Maxar, von dem die Bilder stammen, ermöglicht eine Auflösung von 31 cm pro Pixel, was bei kommerziellen Anwendungen und kommerziell erhältlichen Satellitenbildern die damals höchste zur Verfügung stehende Auflösung war. Auflösungsasymmetrien und die ›Schwelle der Erkennbarkeit‹ sind deshalb auch ein zentrales theoretisches Motiv in den Forensic-Architecture-Grundlagentexten Eyal Weizmans. Vgl. Eyal Weizman: *Forensic Architecture: Violence at the Threshold of Detectability*, New York/London: Zone Books 2017, bes. S. 24–30.

56 Vgl. Simon Rothöhler: *Medien der Forensik*, Bielefeld: Transcript 2021, S. 178. Eyal und Ines Weizman betonen insbesondere die spatiale und architektonische Dimension dieser Operation. Vgl. Weizman/Weizman 2024 (wie Anm. 43), S. 8.

57 Carlo Ginzburg: »Spurensicherung. Der Jäger entziffert die Fährte, Sherlock Holmes nimmt die Lupe, Freud liest Morelli – die Wissenschaft auf der Suche nach sich selbst«, in: Ders.: *Spurensicherung. Die Wissenschaft auf der Suche nach sich selbst*, Berlin: Wagenbach 2011, S. 7–57, hier S. 24.

58 Weizman 2017 (wie Anm. 55), S. 98.

59 Weizman/Weizman 2024 (wie Anm. 43), S. 63f.

60 Parks 2005 (wie Anm 45), S. 91.

61 Das ist keineswegs nur eine Trope der oben zitierten Überwachungsthriller von Tony Scott und anderen, sondern taucht auch in programmatischen Texten über *remote sensing* in Menschenrechtskontexten auf, etwa bei Lars Bromley: »Eye in The Sky. Monitoring Human Rights Abuses Using Geospatial Technology«, in: *Georgetown Journal of International Affairs* 10/1 (Winter/Spring 2009), S. 159–168. (Lars Bromley war unter anderem Project Director für das AAAS Geospatial Technologies and Human Rights Project.)

62 Vgl. Christina Geller: »Introducing Maxar ARD: Accelerating the Pixel-To-Answer Workflow with Analysis-Ready Data«, 2.2.2021, {blog.maxar.com/earth-intelligence/2021/introducing-maxar-ard-accelerating-the-pixel-to-answer-workflow-with-analysis-ready-data}.

63 Parks 2005 (wie Anm. 45), S. 91 (zweite Herv. vom Vf.). – Vera Tollmann weist auf einen gedanklichen Vorläufer dieser diachronen Allwissenheit hin, auf Felix Ebertys um 1845 entstandenes

Gedankenexperiment einer »interstellaren Augenzeugenschaft«, die sich durch ein Teleskop aus dem All auf Vergangenes richten kann. Vgl. Tollmann 2022 (wie Anm. 4), S. 139f.

64 Andrew Herscher: »Surveillant Witnessing. Satellite Imagery and the Visual Politics of Human Rights«, in: *Public Culture* 26/3 (Fall 2014), S. 469–500, hier S. 473.

65 Ebd., S. 488.

66 So die Formulierung von Sascha Venohr, Head of Data Journalism, *Die ZEIT /ZEIT online*, Ressort Investigative Recherche und Daten in einem Gespräch am 12.4.2024.

67 Dass die rasante Expansion des Satellitenmarktes und die Möglichkeit, Bilder bei Anbietern wie {spymesat.com} zu erwerben, zum Problem infolge unerwünschter Aneignungen staatlicher Akteure werden kann, zeichnet sich zunehmend auch als Nebeneffekt der Plattformisierung ab, etwa in der Ukraine, wo Ziele für russische Angriffe mutmaßlich auch über verschleiert erworbene Bilder amerikanischer Satelliten und Unternehmen ausgekundschaftet wurden. Vgl. Graeme Wood: »A Suspicious Pattern Alarming the Ukrainian Military«, in: *The Atlantic*, 18.3.2024, {theatlantic.com/international/archive/2024/03/american-satellites-russia-ukraine-war/677775/}.

68 Vgl. Gil-Fournier/Parikka 2024 (wie Anm. 35), S. 147.

69 Monica M. Brannon: »Standardized Spaces. Satellite Imagery in the Age of Big Data«, in: *Configurations* 21/3 (Fall 2013), S. 271–299, hier S. 272.

70 So jedenfalls die Position von zwei Daten- und Wissensjournalist:innen der *ZEIT* im Hintergrundgespräch.

71 Susanne Krasmann: »Postfaktisch«, in: Ulrich Bröckling/Susanne Krasmann/Thomas Lemke (Hgg.): *Glossar der Gegenwart 2.0*, Berlin: Suhrkamp 2024, S. 313–323, hier S. 317.

72 Zu forensischen oder investigativ-ästhetischen Gegenstrategien im Umgang mit solchen ›Anti-Epistemologien‹ vgl. Matthew Fuller/Eyal Weizman: *Investigative Aesthetics. Conflicts and Commons in the Politics of Truth*, London/New York: Verso 2021. Im Fall der *NYT*-Butscha-Untersuchung wurde beispielsweise in Sozialen Medien oder in der pro-russischen Medienberichterstattung behauptet, dass für die von der *NYT* genannten Daten kein

Maxar-Bild von diesem Ort verfügbar sei; wobei ignoriert wurde, dass für die Bildaufnahme ein größerer Winkelbereich (Off-Nadir) als der voreingestellte eingegeben werden musste. Vgl. die Analyse und Anleitung der Aktivist:innengruppe *Volksverpetzer* von Philip Kreißel: »So könnt Ihr die Satelliten-Bilder-Beweise zu Butscha selbst überprüfen«, 10.4.2022, {volksverpetzer.de/ukraine/satelliten-bilder-butscha}. Ob gegen Post-Truth-Nihilismus *satellite literacy* wirkt, das darf bezweifelt werden. Notwendig ist sie dennoch.

73 Vgl. dazu im Allgemeinen und im Besonderen zu KI-generierten Gesichtern Roland Meyer: *Gesichtserkennung. Vernetzte Bilder, körperlose Masken*, Berlin: Wagenbach 2021 (= Reihe Digitale Bildkulturen), S. 59f., sowie zu GAN: Merzmensch: *KI-Kunst. Kollaboration von Mensch und Maschine*, 2. Aufl., Berlin: Wagenbach 2024 (= Reihe Digitale Bildkulturen), S. 20ff.

74 {thiscitydoesnotexist.com}.

75 Vgl. {aiarchitects.org/portfolio/span-matias-del-campo-sandra-manninger}.

76 {defenseone.com/technology/2024/06/how-ai-turning-satellite-imagery-window-future/397520}.

77 Ebd.

78 Frank Partnoy: »Stock Picks from Space«, in: *The Atlantic*, May 2019, {theatlantic.com/magazine/archive/2019/05/stock-value-satellite-images-investing/586009}.

79 *Spectral Index* (2023, Regie: Stephen Cornford), {avantwhatever.xyz/w/tsSQUPENFwnYfwJTche3jh}.

80 Paul N. Edwards: *A Vast Machine: Computer Models, Climate Data, and the Politics of Global Warming*, Cambridge, MA: MIT Press 2010, S. xiv.

81 Khari Johnson: »Two Nations, a Horrible Accident, and the Urgent Need to Understand the Laws of Space«, in: *Wired*, 24.1.2024, {wired.com/story/two-nations-horrible-accident-urgent-need-laws-of-space-lachs-moot}.

82 Walter Isaacson: *Elon Musk. Die Biografie*, München: Bertelsmann 2023, S. 542.

83 Vgl. zur Modell-Daten-Symbiose: Edwards 2010 (Anm. 80), S. 281f.

Abbildungsverzeichnis

S. 5 Screenshots *2001: A Space Odyssey* (1968, Regie: Stanley Kubrick)
#1 {apps.sentinel-hub.com/eo-browser}
#2 {en.wikipedia.org/wiki/Timeline_of_first_images_of_Earth_from_space#/media/File:First_satellite_photo_-_Explorer_VI.jpg}
#3 Screenshot Demo {gdn.nvidia.com}
#4 {verticalatlas.net/#the-nsa-tapped-fiber-optic-cable-landing-site-series}
#5 Screenshot {google.com}, 22.04.2024
#6 {upload.wikimedia.org/wikipedia/commons/0/06/ATSIII_10NOV67_153107.jpg}
#7 a–c {thewildernessdowntown.com}
#8 {satle.ca}
#9 Screenshot *Syriana* (2005, Regie: Stephen Gaghan)
#10 a–b Screenshots *Enemy of the State* (1998, Regie: Tony Scott)
#11 {georgewbush-whitehouse.archives.gov/news/releases/2003/02/powell-slides/13.html}
#12 {nytimes.com/2022/04/04/world/europe/bucha-ukraine-bodies.html}
#13 {nytimes.com/2022/04/04/world/europe/bucha-ukraine-bodies.html}, Originalquellen: Maxar Technologies (Satellitenbilder), Kievskiy Dvizh via Instagram (Video)
#14 {zeit.de/politik/ausland/2022-04/krieg-ukraine-mariupol-schlacht-rekonstruktion}
#15 Screenshot {thiscitydoesnotexist.com}
#16 Screenshot aus Spectral Index (2023, Regie: Stephen Cornford), {avantwhatever.xyz/w/tsSQUPENFwnYfwJTche3jh}
#17 Screenshot {heavens-above.com/skyview}
#18 {de.wikipedia.org/wiki/Datei:Starlink_über_dem_Rathaus_in_Tübingen.jpg}
#19 Screenshot {starlink.sx}
#20 Screenshot {platform.leolabs.space/visualization}

Alle Links zuletzt abgerufen am 27.12.2024
Alle Übersetzungen aus dem Englischen, wenn nicht anders angegeben, vom Verfasser

Dank für Hinweise und Unterstützung an Anne Kunze, Antje Flüchter und dem Bielefelder Sonderforschungsbereich »Praktiken des Vergleichens«, Eva-Maria Gillich, Linus Guggenberger, Helga Lutz, Jussi Parikka, Simon Rothöhler, Wolfgang Ullrich, Claudia Vallentin, Sascha Venohr.

Daniel Eschkötter ist als wissenschaftlicher Mitarbeiter an der Universität Bielefeld tätig. Als Medienhistoriker und -theoretiker forscht er unter anderem zu Bildvergleichen sowie zu Film- und Serienästhetik. Außerdem arbeitet er als Filmkritiker.

DIGITALE BILDKULTUREN

Annekathrin Kohout   NETZFEMINISMUS
Strategien weiblicher Bildpolitik

Wolfgang Ullrich   SELFIES
Die Rückkehr des öffentlichen Lebens

Kerstin Schankweiler   BILDPROTESTE
Widerstand im Netz

Paul Frosh   SCREENSHOTS
Racheengel der Fotografie

Daniel Hornuff   HASSBILDER
Gewalt posten, Erniedrigung liken, Feindschaft teilen

Diana Weis   MODEBILDER
Abschied vom Real Life

Dirk von Gehlen   MEME
Muster digitaler Kommunikation

Tilman Baumgärtel   GIFS
Evergreen aus Versehen

Jörg Scheller   BODY-BILDER
Körperkultur, Digitalisierung und Soziale Netzwerke

Roland Meyer   GESICHTSERKENNUNG
Vernetzte Bilder, körperlose Masken

Gala Rebane   EMOJIS
Geschichte, Gegenwart und Zukunft einer digitalen Bilderschrift

Kolja Reichert   KRYPTO-KUNST
NFTs und digitales Eigentum

Thomas Dreier   COPYRIGHT
Urheberrecht versus Netzkultur

Jacob Birken   VIDEOSPIELE
Illusionsindustrien und Retro-Manufakturen

Thomas Hermann   ÜBERWACHUNGSBILDER
Kontrolle und Zufall in der *Cam Era*

Katja Müller-Helle   BILDZENSUR
Infrastrukturen der Löschung

Maren Lickhardt   BINGE WATCHING
Veränderte Rezeption, veränderte Produktion?

Berit Glanz   FILTER
Alltag in der erweiterten Realität

Isabell Otto   TIKTOK
Ästhetik, Ökonomie und Mikropolitik überraschender Transformationen

Merzmensch   KI-KUNST
Kollaboration von Mensch und Maschine

Thomas Nolte   STOCKFOTOGRAFIE
Pathosformeln des Spätkapitalismus

Elena Korowin   CAT CONTENT
Die Geschichte des digitalen Katzenkults

Inke Arns   TUTORIALS
Altruistische Hilfe und Influencer-Karrieresprungbrett

Felix Thürlemann   BILDERSUCHE
Wie unsere Sehwünsche sich erfüllen

Victor Fritzenkötter   GLITCH
Von produktiven Fehlern und dem Einfall im Ausfall

Alle Bände Broschur, je 80 Seiten mit Abbildungen
Natürlich auch als E-Book erhältlich

Wenn Sie mehr über den Verlag und seine Bücher wissen möchten, schreiben
Sie uns eine Postkarte oder elektronische Nachricht (mit Anschrift und E-Mail).
Wir informieren Sie dann regelmäßig über unser Programm und unsere Veran-
staltungen.
Verlag Klaus Wagenbach   Emser Straße 40/41   10719 Berlin
www.wagenbach.de   vertrieb@wagenbach.de

Der Gender : wird auf Wunsch des Autors verwendet, um alle Geschlechter und Geschlechteridentitäten sprachlich einzuschließen.

1. Auflage 2025

© 2025 Verlag Klaus Wagenbach GmbH
Emser Straße 40/41   10719 Berlin
www.wagenbach.de   mail@wagenbach.de

Umschlaggestaltung: Studio Jung, Berlin. Gesetzt aus der Milo OT. Gedruckt und gebunden bei Pustet, Regensburg. Printed in Germany. Alle Rechte vorbehalten

ISBN   978 3 8031 3755 5